ÉCOLES RÉGIMENTAIRES DU GÉNIE.

CAHIER D'INSTRUCTION PRATIQUE.

ÉCOLE DE PONTS.

PARIS.

IMPRIMERIE IMPÉRIALE.

JUILLET 1858.

ÉCOLES RÉGIMENTAIRES DU GÉNIE.

CAHIER D'INSTRUCTION PRATIQUE.

ÉCOLE DE PONTS.

Ce cahier a été approuvé par le Ministre de la guerre, le 15 février 1858.)

TABLE DES MATIÈRES.

(C.)

1re LEÇON.

1re LEÇON.

NOTIONS PRÉLIMINAIRES SUR LES DIVERSES ESPÈCES DE PONTS MILITAIRES. — PROCÉDÉS A ADOPTER SUIVANT LA NATURE DES COURS D'EAU. — OBJETS ET MATÉRIAUX NÉCESSAIRES. Pl. I, II, III, IV, V et VI.

Les attributions du service du génie en campagne comprennent spécialement l'établissement ou la réparation des ponts militaires à supports fixes, tels que les ponts de chevalets ou de pilots. Néanmoins, les troupes du génie sont, en outre, chargées de la construction des ponts mobiles à supports flottants, tels que les ponts de radeaux ou de bateaux, et généralement de tous ceux que l'on établit au moyen de matériaux et d'objets que l'on trouve sur place, et qui ne sont pas transportés à la suite des armées.

La nature des procédés à employer pour le passage des cours d'eau est ordinairement commandée par les localités et par les ressources du pays ; toutefois, il convient, en général, tant pour la facilité de la construction des ponts que pour leur solidité, d'avoir égard, autant qu'on le pourra, aux principes suivants :

Pour un *pont de chevalets*, la profondeur de la rivière ne doit guère excéder $2^m,oo$. Le fond doit être ferme et uni, et la vitesse maximum de l'eau de $1^m,5o$ par seconde ;

Pour les *ponts de radeaux*, il faut que les rives soient basses, et que la rapidité du courant n'excède pas $2^m,oo$ par seconde ;

Les *ponts de bateaux* demandent une profondeur d'eau minimum de $o^m,5o$, et des berges peu escarpées ;

Enfin, pour un *pont de pilots*, le fond doit être solide et pénétrable

1.

tout à la fois, et il convient que la profondeur de l'eau soit de 3ᵐ,oo à 3ᵐ,5o au plus.

Quant aux *ponts de cordages*, ils s'emploient plus particulièrement dans des localités où les rives sont escarpées, et leur portée ne doit guère dépasser 4o mètres.

On décrira, dans cette leçon, les divers matériaux ainsi que les engins et outils dont il est nécessaire d'être pourvu à l'avance, et on donnera quelques détails sur la construction des objets qui peuvent être, au besoin, confectionnés sur les lieux mêmes.

Pl. I, fig. 1ʳᵉ. Chevalet. Un chevalet ordinaire se compose des pièces suivantes, (fig. 1ʳᵉ).

Un *chapeau a*, de 4ᵐ,oo à 5ᵐ,oo de longueur, et de oᵐ,2o à oᵐ,25 d'équarrissage.

Quatre *pieds b*, de oᵐ,12 à oᵐ,15 d'équarrissage, suivant la hauteur du chevalet, laquelle dépend de la profondeur de l'eau à l'endroit où ce chevalet doit être posé; ces pieds sont assemblés deux à deux avec le chapeau par emboîtement, et ces assemblages sont consolidés par des chevilles.

L'écartement des deux pieds accouplés, mesuré intérieurement à la base, est ordinairement égal à la moitié de la hauteur totale du chevalet; chacun des pieds est en outre incliné à 1o de hauteur sur 1 de base vers les extrémités du chapeau, dans le sens de la longueur du chevalet.

Deux *traverses c*, ayant oᵐ,o8 sur oᵐ,1o d'équarrissage, assemblées avec les pieds accouplés au moyen d'entailles de oᵐ,o3 de profondeur et de chevilles. Ces traverses ont pour objet de s'opposer à l'écartement des pieds; on les place habituellement à oᵐ,5o de la partie inférieure du chevalet, en sorte que leur longueur dépend de la hauteur de ce chevalet; néanmoins, cette distance de oᵐ,5o peut varier en plus ou en moins suivant que le chevalet aura plus ou moins de 3ᵐ,oo de hauteur.

Quatre *écharpes d*, reliant chacune un des pieds avec le chapeau, et assemblées avec ces pièces, soit au moyen d'entailles de o^m,o3 de profondeur et de chevilles, soit simplement avec des chevilles. Ces écharpes, qui partent du milieu du chapeau et aboutissent à peu près aux 2/3 de la hauteur des pieds à partir de leur sommet, servent à maintenir l'inclinaison des pieds dans le sens de la longueur du chevalet; elles ont le même équarrissage que les traverses et une longueur qui dépend des dimension du chevalet.

Enfin deux *coussinets e*, de o^m,20 sur o^m,o6 d'équarrissage, placés immédiatement au-dessous du chapeau, et fixés au moyen de chevilles sur les faces extérieures de deux pieds accouplés.

Construction d'un chevalet. La construction d'un chevalet, en supposant les bois débités et convenablement équarris à l'avance, demande six hommes, dont deux au moins doivent être ouvriers en bois. Les objets et outils nécessaires pour ce travail sont les suivants :

Deux haches de charpentier, une herminette, une besaiguë, un ciseau de menuisier, un passe-partout, une scie ordinaire, deux tarières (l'une de o^m,020 et l'autre de o^m,o27), une grosse vrille, un mètre, une masse en fer, un maillet, une équerre, une fausse équerre, un compas, un fil à plomb et un fil à tracer.

Les deux ouvriers en bois sont spécialement chargés de l'exécution des assemblages des pieds avec les chapeaux, travail qui demande seul une certaine précision.

Si la pièce de bois qui doit faire le chapeau n'a pas été suffisamment dressée, il faut d'abord, au moyen de la hache et de l'herminette, régler la face supérieure, en choisissant à cet effet la partie la plus droite de la pièce, et préparer, d'équerre sur cette face, l'emplacement des entailles. On cingle alors, au moyen du fil à tracer, sur la face dont il s'agit, le trait milieu $A\,A'$ (fig. 2), et on marque sur ce trait le point   Pl. I. fig. 2. qui doit correspondre à l'axe du pont; puis, à partir de ce point, on mesure, à droite et à gauche, une distance égale à la moitié de l'inter valle qui doit exister entre les pieds accouplés du côté d'amont et ceux du côté d'aval; cet intervalle est ordinairement de 3ᵐ,oo pour une largeur de tablier de 4ᵐ,oo. Par chacun des deux points C ainsi déterminés, on trace, au moyen de l'équerre, une ligne $D\ D'$ perpendiculaire à $A\ A'$, ce qui donne les points D et D' situés sur les deux arêtes supérieures du chapeau, puis, sur les faces latérales, les lignes $D\ E$, $D'\ E'$, inclinées à 10 de hauteur sur 1 de base, c'est-à-dire de manière que l'on ait $E\ F = \frac{1}{10}\ D\ F$, et d'autres lignes $G\ H$, $G'\ H'$, parallèles aux premières et placées à une distance telle que l'écartement des lignes $D\ E$, $G\ H$, $D'E'$, $G'H'$, mesuré normalement à ces lignes, soit égal à l'épaisseur des pieds du chevalet. Enfin on trace sur la face supérieure du chapeau les lignes $I\ K$, $I'\ K'$, parallèles à la ligne milieu $A\ A'$, et telles que les distances $I\ D$, $G\ K$, $I'D'$, $G'K'$ soient égales au $\frac{1}{4}$ de la hauteur du chapeau; les plans du fond des entailles $I\ K\ H\ E$, $I'\ K'\ H'\ E'$, se trouveront alors inclinés à 4 sur 1, et les pieds recevront cette même inclinaison dans le sens perpendiculaire à la longueur du chapeau, en sorte que l'intervalle compris entre les extrémités inférieures des pieds accouplés sera égal à la moitié de la hauteur du chevalet, suivant ce qui a été dit plus haut. Ce tracé achevé, on exécute les entailles avec la scie et le ciseau.

Pendant que les deux ouvriers en bois font les entailles du chapeau, les quatre autres ouvriers préparent chacun un des pieds du chevalet : à cet effet, le pied étant convenablement équarri, on cingle d'abord le trait milieu $P\ P'$ (fig. 3), dans le sens de sa longueur, sur l'une des faces latérales; on trace la ligne $Q\ R$ d'équerre sur ce trait et à une distance de la tête égale à la hauteur du chapeau; on marque sur la ligne milieu $P\ P'$ un point R' tel, que la ligne $Q\ R'$ soit le $\frac{1}{4}$ de la demi-épaisseur $Q\ R$, et on trace la ligne $R\ R'$. Ce tracé achevé, à partir du point S de la ligne $R\ S$ menée d'équerre sur le long côté, on prend $S\ R'' = \frac{1}{10}\ R\ S$, et l'on trace $R\ R''$. Partant du point R'', on fait sur l'autre face latérale un tracé semblable au tracé $P\ R'\ R$, puis on donne un trait de scie passant par $P\ R'$ et par la ligne correspondante tracée sur la face opposée, et un autre trait de scie transversal passant par $R\,R'$ et par la ligne qui lui correspond de l'autre côté. On obtient ainsi le tenon du pied du chevalet qui doit venir s'assembler dans l'entaille correspondante du chapeau, de manière à donner au pied l'inclinaison voulue. Enfin, après avoir ajusté l'assemblage, on scie le sommet $P\,T$, du pied, suivant le plan de la face supérieure du chapeau, laquelle doit alors se trouver parallèle au plan passant par les lignes $R\,R'$ et $R\,R''$.

Les traverses et les écharpes des chevalets sont quelquefois simplement clouées ou chevillées sur les pieds, sans assemblages. Cependant, on réunit le plus ordinairement les traverses aux pieds au moyen d'entailles qui sont alors exécutées de la même manière que celles des chapeaux; mais, dans ce cas, il est bon de ne pratiquer les entailles que dans les traverses, afin d'éviter d'affaiblir les pieds.

Dans les écoles, où les chevalets doivent être souvent maniés et déplacés, on consolide habituellement les assemblages des différentes pièces au moyen de boulons en fer; mais cette précaution n'est pas indispensable en campagne, et l'on se contente alors de fixer les assemblages soit au moyen de chevilles en chêne ou en frêne de $0^{m},027$ de diamètre, soit avec des broches en fer de $0^{m},22$ à $0^{m},27$ de longueur; dans ce dernier cas, il faut avoir soin de percer, au moins à mi-bois, avec une tarière, la pièce qui doit être clouée sur l'autre, pour éviter de fendre le bois.

Six ouvriers confectionnent facilement un chevalet en trois heures par la méthode qui vient d'être indiquée.

Construction rapide d'un chevalet au moyen de gabarits. On peut abréger considérablement le temps nécessaire à la construction d'un chevalet en se servant de gabarits préparés à l'avance pour faciliter l'exécution des assemblages. Ce procédé, qui s'applique principalement au cas où l'on veut établir avec célérité un pont de chevalets avec des bois bruts et en grume, ne donne pas des résultats d'une régularité absolue en ce qui concerne les inclinaisons admises en principe pour les pieds des

2.

chevalets ; mais il est d'une précision suffisante pour la plupart des cas, et a sur le précédent l'avantage d'une grande rapidité d'exécution, tout en n'exigeant pas des ouvriers très-exercés.

Comme on l'a dit plus haut, l'assemblage des pieds avec les traverses et les coussinets, ainsi que celui des traverses avec les chapeaux, n'offrent aucune difficulté ; il suffit que ces différentes pièces soient fixées l'une sur l'autre au moyen de chevilles ou de broches en fer de dimensions convenables. La seule précaution à prendre, quand on se servira de bois en grume, sera d'aplanir un peu, au moyen de l'herminette, les parties des pièces qui devront être en contact. Mais cette disposition serait insuffisante pour assujettir les pieds au chapeau, et il faut recourir à un assemblage qui joigne à une grande solidité l'avantage d'une prompte exécution. La forme trapézoïdale est celle qui paraît le mieux réunir ces conditions. Si on suppose qu'un encastrement de cette forme ait été pratiqué dans le chapeau, et que la partie supérieure du pied ait été taillée en conséquence, il suffira de chasser cette partie du pied dans l'encastrement au moyen de quelques coups de masse frappés sur son extrémité inférieure, et de consolider cet assemblage avec une broche, pour que le pied ne puisse plus se dégager ; cette liaison acquerra d'ailleurs encore plus de solidité quand le chevalet sera placé debout et chargé du poids qu'il doit supporter.

Pl. II, fig. 4.　　La fig. 4 indique en profil les dimensions de l'encastrement $A\,B\,C\,D$ pour un chapeau de chevalet dont le diamètre permettrait d'en extraire une pièce de $0^{m},25$ d'équarrissage ; mais cette dimension de chapeau n'a rien d'absolu, et les gabarits, que l'on va décrire, peuvent servir également pour des chapeaux dont le diamètre différerait un peu, en plus ou en moins, de celui qui est indiqué sur la fig. 4.

Pl. II, fig. 5.　　La fig. 5 représente la projection de l'un des pieds sur la face postérieure marquée par la ligne $A\,D$ à la fig. 4. La partie $a\,a'\,d'\,d\,c\,c'\,b'\,b$ est celle du tenon qui s'engage dans la mortaise. L'axe $H\,H'$ est incliné à 10 de base sur 1 de hauteur, par rapport aux lignes $a\,a'$, $b\,b'$, qui sont parallèles au-dessus du chapeau, lequel est supposé horizontal.

GABARIT PLEIN. Le gabarit plein (fig. 6) est nécessaire pour faire les encastrements des chapeaux; il est formé de deux parties qui s'appliquent exactement l'une sur l'autre.

La première partie $A\ B\ C\ D\ E\ F\ G\ H$ a la forme de la portion du tenon du pied qui ne pénètre pas dans l'encastrement du chapeau. La face $A\ B\ C\ D$ a une inclinaison de $\frac{4}{1}$ par rapport à la face de contact $E\ F\ G\ H$, laquelle doit être verticale quand le chevalet est dressé sur ses pieds. Deux pointes en fer de $0^{m},02$ de saillie sont fixées dans la face de contact, afin de permettre d'assujettir solidement le gabarit sur le chapeau, comme il sera indiqué plus loin.

La seconde portion de gabarit $E\ F\ G\ H\ I\ K\ L\ M$ représente la partie du tenon du pied qui doit entrer dans l'encastrement.

Ces deux portions de gabarit, appliquées l'une sur l'autre suivant leur face de contact, forment un solide égal à l'extrémité supérieure d'un des pieds, lorsque ce pied a reçu la forme nécessaire pour pénétrer dans la mortaise du chapeau.

GABARIT CREUX. Le gabarit creux (fig. 7), dont on se sert pour affûter la partie supérieure des pieds qui doit entrer dans l'encastrement du chapeau, est formé de trois planches clouées entre elles et assujetties à la partie supérieure par deux petites traverses; ces planches doivent être disposées de manière que les deux parties du gabarit plein, placées l'une sur l'autre, comme l'indique la fig. 6, remplissent exactement le vide du gabarit creux, ainsi que le fait voir le tracé ponctué de la fig. 7.

EXÉCUTION DES ASSEMBLAGES. On suppose que la pièce destinée à former le chapeau du chevalet est un tronçon cylindrique en grume, coupé à la longueur convenable; que les pieds, les traverses, les écharpes et les coussinets sont des rondins ou des pièces de bois brut, dont la longueur exacte ne doit, d'ailleurs, être réglée qu'au moment de la confection ou de la mise en place du chevalet. Pour construire le plus rapidement possible un chevalet dont tous les bois sont rendus à pied d'œuvre, on emploiera une brigade de douze hommes, dont cinq charpentiers et sept servants, sous la direction d'un sous-officier. Cette brigade sera subdivisée en trois escouades composées comme il suit :

NUMÉROS des escouades.	OUVRIERS		DÉSIGNATION DU TRAVAIL.	OUTILS NÉCESSAIRES.
	CHAR-PENTIERS.	SERVANTS		
1	2	3	au chapeau.......	1 fil à tracer, 2 compas, 2 scies, 2 ciseaux, 2 maillets, 2 marteaux, 2 gabarits pleins.
2	2	2	aux pieds........	2 herminettes, 2 haches à main, 1 scie, 2 vilebrequins, 2 masses en fer, 2 gabarits creux.
3	1	2	aux traverses, aux coussinets, et aux écharpes......	1 herminette, 1 hache, 1 scie, 1 vilebrequin.
TOTAUX	5	7		

Travail de la 1re escouade. Cette escouade est exclusivement chargée de faire, dans le chapeau, les encastrements pour l'assemblage des pieds.

Les charpentiers commencent par marquer, sur la face supérieure et sur la face inférieure du chapeau, les traces du plan qui, passant par l'axe de ce chapeau, devra être vertical quand le chevalet sera dressé.

sur ses pieds; puis ils couchent le chapeau sur le côté (fig. 8), en le fai- Pl. II, fig. 8.
sant maintenir dans cette position par un servant, qui pèse à cet effet
sur le levier AB, fixé au chapeau par le moyen d'une broche en fer ou
d'un clou assez fort. Alors, après avoir au besoin équarri en partie, au
moyen de l'herminette, les emplacements sur lesquels doivent être pra-
tiquées les entailles, afin de pouvoir y appliquer le gabarit, comme il
sera dit plus loin, les deux charpentiers, aidés chacun par un des deux
autres servants, marquent, au moyen de deux légers traits de scie, la
place des encastrements par deux lignes menées à l'œil sur le côté de la
pièce, perpendiculairement à la longueur du chapeau, et dont la distance doit être égale à l'intervalle qui a été fixé pour l'écartement dans
œuvre des deux pieds dont on s'occupe.

Chaque charpentier pose alors sur le chapeau, en dehors de ces
deux traits de scie, par rapport au milieu de la pièce de bois, la partie
$ABCDEFGH$ du gabarit plein (fig. 6), qui représente la portion
extérieure du tenon, en faisant coïncider, autant que possible, l'une des
longues arêtes de la face de contact du gabarit avec le trait de scie, et
en ayant de plus l'attention que les deux extrémités supérieure et inférieure GF et EH de cette face de contact soient également éloignées
du plan dont on a marqué les deux traces sur le chapeau, de manière
que cette face de contact se trouve verticale quand le chevalet sera
dressé. On s'assure à l'aide du compas que cette condition est remplie,
et on fixe alors le gabarit dans sa position au moyen des deux pointes
qui font saillie sur la face de contact.

Les axes des deux gabarits, ainsi placés vers les extrémités du chapeau,
sont inclinés, en sens contraire, de $\frac{1}{10}$, et leur prolongement doit venir
converger vers le milieu du chapeau.

Le charpentier, aidé de son servant, scie alors le chapeau de chaque
côté du gabarit, en appliquant exactement le fer de la scie contre
chacune des longues faces de ce gabarit, et conduit chaque trait de
scie jusqu'à ce que la ligne des dents de la scie, ligne qui doit toujours
rester parallèle aux arêtes supérieures du gabarit, ait atteint la ligne AD

(fig. 4), ce qui a lieu lorsque la distance comprise entre le dessus du gabarit et la tranche supérieure de la lame de scie est égale à la différence qui existe entre l'équarrissage du tenon et la largeur de la lame. Ces deux traits de scie achevés, le charpentier enlève son gabarit, donne un troisième trait sur le milieu de la mortaise pour faciliter l'évidement de l'encastrement, et se met immédiatement à pratiquer cet évidement à l'aide du ciseau et du maillet, en ayant soin de vérifier, au moyen de la partie $E F G H I K L M$ du gabarit plein, laquelle doit être égale au tenon du pied, si l'encastrement a les dimensions convenables pour recevoir ce tenon.

Quand les encastrements des deux pieds d'un même côté sont terminés, on retourne le chapeau pour exécuter les deux autres par les mêmes procédés. Ensuite les ouvriers de la 1re escouade fixent, au moyen de clous ou de broches, les pieds au chapeau, quand ces pieds ont été chassés dans leurs encastrements par les hommes de la 2e escouade, et, lorsque les quatre pieds sont assurés dans leur position, ils s'occupent de la pose des écharpes, des traverses et des coussinets, qui ont dû être préparés par la 3e escouade.

Travail de la 2e escouade. Cette escouade est chargée de la façon des pieds et de leur assemblage sur le chapeau. Chaque charpentier est aidé dans ce travail par un servant, qui maintient le pied pendant que le charpentier l'affûte avec l'herminette, jusqu'à ce que ce pied s'ajuste avec précision dans le gabarit creux, en ayant soin que l'axe de la large face du tenon qui correspond à la face $M I K L$ du gabarit plein soit parallèle au fil du bois, ou plutôt à l'axe du pied. Le charpentier fait alors au vilebrequin le trou que doit traverser la broche ou le clou destiné à consolider l'assemblage.

Lorsque les quatre pieds sont prêts, ainsi que les encastrements du chapeau, chacun des deux charpentiers de la 2e escouade présente le tenon de l'un des pieds à l'encastrement du chapeau qui doit le recevoir, introduit ce tenon dans l'encastrement, et le servant le chasse alors fortement avec une masse en fer, en frappant sur l'extrémité inférieure du pied.

Dès que les charpentiers de la 1re escouade ont fini de clouer les deux premiers pieds, chacun d'eux, aidé de son servant, scie, dans le plan du dessus du chapeau, la partie du pied qui dépasse ce plan; puis on retourne le chapeau, et les 1re et 2e escouades agissent, pour la pose des deux autres pieds, de la même manière que pour les premiers.

Quand les quatre pieds sont assurés dans leur position, la 2e escouade met en place les traverses, les écharpes et les coussinets de l'une des extrémités, en même temps que la 1re escouade exécute le même travail pour l'autre extrémité.

Travail de la 3e escouade. La 3e escouade coupe de longueur convenable les pièces de bois destinées à faire les traverses, les écharpes et coussinets; elle aplanit les extrémités, afin que ces mêmes pièces joignent bien sur le chapeau et sur les pieds, et elle perce à ces extrémités, au moyen du vilebrequin, les trous qui doivent recevoir les broches pour la consolidation des assemblages.

Temps nécessaire. Une brigade de douze hommes, organisée comme il vient d'être dit, et suffisamment exercée à ce genre de travail, peut construire en vingt minutes, avec des bois en grume, et par la méthode des gabarits, un chevalet semblable à celui de la fig. 9.

Pl. II, fig. 9.

Radeau. Un radeau est composé des objets suivants (fig. 10) :

Pl. III, fig. 10.

Sept à dix arbres ou poutres équarries *a*, de 0^m,30 à 0^m,40 de grosseur et de 15^m,00 environ de longueur, espacés entre eux de 0^m,16 et formant le corps du radeau;

Deux perches *b*, de 0^m,08 à 0^m,10 de diamètre, et d'une longueur telle qu'elles débordent les arbres extrêmes de 0^m,10 à 0^m,16; ces perches servent à assembler les arbres à leurs extrémités;

Deux traverses *c*, de 0^m,16 de hauteur sur 0^m,22 de largeur et 4^m,00 environ de longueur, qui consolident l'assemblage des arbres; elles sont placées à 1^m,70 à droite et à gauche de l'axe transversal du radeau déterminé comme il sera dit plus loin, et reçoivent les supports *d;*

Trois écharpes *e,* de 0^m,08 à 0^m,10 de diamètre, et d'une longueur égale à la diagonale des rectangles formés par les traverses et par les perches;

Trois supports *d,* de 0^m,22 d'équarrissage et de 4^m,00 de longueur, sur lesquels doivent reposer les poutrelles qui forment les travées du pont.

Pour le brêlage des perches, des traverses, des écharpes et des supports, on emploie des harts, des cordes, des billots et des clameaux.

Construction d'un radeau. La construction d'un radeau demande vingt hommes pour être exécutée promptement; néanmoins huit hommes peuvent suffire à la rigueur pour les diverses opérations que comporte ce travail. Les outils nécessaires sont :

Une hache de charpentier, un passe-partout, un ciseau de menuisier, un maillet, une masse en fer, une tarière de 0^m,027 et une grosse vrille. Les hommes doivent, en outre, être munis de harts, cordes, billots et clameaux en quantité suffisante.

Les radeaux se construisent toujours sur l'eau, et, autant qu'il est possible, dans un endroit où le courant est peu rapide. Si le courant était fort, il serait nécessaire d'amarrer chaque corps d'arbre à terre, au moyen d'un cordage, ou, tout au moins, de retenir celui du milieu par une amarre, les autres se trouvant alors suffisamment assujettis par les madriers de service qui reposent sur l'ensemble des corps d'arbres.

On commence par mettre à flot, en amont de l'emplacement que doit occuper le pont à construire, les arbres destinés à former le radeau, en les plaçant l'un à côté de l'autre, dans le sens du courant, le gros bout vers l'amont, et on les recouvre de quelques madriers pour faciliter le travail (1). Sur l'arbre central, quand le nombre des arbres est impair, ou sur les deux arbres du milieu, dans le cas contraire, on marque, à $2^m,00$ du gros bout, l'emplacement d'une perche à laquelle les arbres doivent être brêlés, et on fixe cette perche dans une direction exactement d'équerre sur la longueur des arbres du milieu, au moyen de fortes harts ou de cordes.

Tous les arbres doivent être espacés entre eux de $0^m,16$ en moyenne du côté du gros bout, et leurs axes sont tenus parallèles entre eux, de manière que la largeur du radeau soit la même dans toutes ses parties.

On fait descendre les deux arbres extrêmes jusqu'à ce que leurs gros bouts ne débordent plus la perche que de $0^m,40$, et on les fixe alors à cette perche avec des harts, en les éloignant de l'arbre, ou des deux arbres du centre, d'une distance convenable pour pouvoir placer les arbres intermédiaires. On dispose ensuite ces derniers en les écartant de $0^m,16$ l'un de l'autre, et en plaçant successivement leur tête sur l'alignement déterminé par celles des arbres milieu et des arbres extrêmes; puis on les brêle tous sur la perche, de manière à former ainsi le bec du radeau.

On place et on brêle de même une seconde perche au petit bout des arbres du côté d'aval, en la fixant d'abord aux arbres du milieu, puis en écartant successivement les autres arbres, de telle sorte que les axes de ces arbres soient tous parallèles entre eux.

Le radeau ainsi formé, on y trace la direction de l'axe du pont un peu en aval du centre de gravité, dont on reconnaît la position en faisant marcher posément quelques hommes de front sur les arbres du milieu, et en les faisant arrêter au point où il ne se produit plus de

---

(1) Il est bon de couper en sifflet les gros bouts que les arbres opposent au courant; en plaçant le bec du sifflet en dessus, comme l'indique la fig. 10, on diminue notablement l'effet de ce courant contre le radeau. Cette opération doit se faire avant de mettre les arbres à l'eau.

balancement dans le sens de la longueur du radeau. On place alors en ce point un madrier ou une pièce de bois quelconque, pour indiquer l'axe transversal ainsi obtenu; puis on fait marcher, dans le sens de la largeur du radeau, six ou huit hommes placés de front et répartis également à droite et à gauche du madrier, jusqu'à ce que la marche de ces hommes ne produise plus de balancement dans le sens de la largeur. On obtient ainsi une nouvelle ligne qui constitue l'axe longitudinal du radeau, et dont le point de rencontre avec l'axe transversal détermine l'emplacement du centre de gravité du système, et, par suite, celui du support du milieu d, ainsi qu'il sera dit plus loin.

L'axe du pont ayant été établi un peu en aval de celui qui passe par le centre de gravité, on pose, à $1^m,70$ à droite et à gauche de cet axe, les traverses c, que l'on brêle à chacun des arbres au moyen de harts ou de cordes dont les billots sont arrêtés par des clameaux ou par des crampons en fer; puis on place diagonalement entre ces deux traverses, ainsi qu'entre les traverses et les perches b, trois autres perches e, formant écharpes, et brêlées également à chacun des arbres au moyen de harts ou de cordes (1).

Enfin on dispose les trois supports d sur les traverses, celui du milieu étant placé sur l'axe longitudinal du radeau, et exactement d'équerre sur l'axe du pont, qui doit le partager en deux parties égales; les deux autres supports reposent sur les extrémités des traverses, leurs axes dans le même plan vertical que celui des arbres extrêmes; tous ces supports sont d'ailleurs fixés aux traverses par le moyen de clameaux, ou simplement brêlés à ces traverses avec des cordes.

(1) Les perches de la tête et de la queue des radeaux, ainsi que celles qui forment écharpes, peuvent être remplacées par des madriers cloués ou chevillés sur les arbres; dans ce cas, il faut avoir soin de disposer en quinconce les trous percés dans les madriers pour le passage des clous ou des chevilles. Les traverses peuvent également être fixées avec des chevilles ou au moyen de broches; mais le système des cordes ou des harts paraît préférable, parce qu'on évite ainsi d'affaiblir ou même de fendre les traverses.

Corps mort. On appelle *corps mort* une pièce de bois ou une poutrelle qui a ordinairement 0^m,20 environ d'équarrissage et de 3^m,80 à 4^m,00 de longueur, et qu'on place sur la rive de départ et sur celle d'arrivée, afin de recevoir les abouts des poutrelles des travées extrêmes d'un pont.

Poutrelles de travées et de guindage. Les poutrelles qui doivent supporter le plancher des travées ont, pour les ponts de chevalets, de 4^m,00 à 5^m,00 de longueur et 0^m,12 d'équarrissage; celles qui sont destinées, aux ponts de radeaux doivent avoir une longueur de 8^m,50 et un équarrissage de 0^m,16.

On appelle poutrelles de guindage celles que l'on emploie pour assujettir les madriers qui forment le tablier du pont sur les poutrelles de travées; on leur donne ordinairement 4^m,00 de longueur et 0^m,08 seulement d'équarrissage.

Madriers. Les madriers qui forment le plancher du pont ont généralement de 3^m,50 à 4,^m00 de longueur, 0^m,20 à 0^m,25 de largeur, et 0^m,40 à 0^m,05 d'épaisseur.

Clameaux à une face et à deux faces. Les clameaux à une face (fig. 11) servent principalement pour unir deux poutrelles jumelées; les clameaux à deux faces (fig. 12) s'emploient pour réunir les poutrelles à leurs supports. Pl. II, fig. 11 et 12.

On donne ordinairement au corps des clameaux 0^m,22 de longueur, et aux pointes de 0^m,065 à 0^m,08 de saillie.

Les pointes des clameaux sont aplaties et leur plus grande largeur doit être placée perpendiculairement au fil du bois.

Pince à pied-de-biche (fig. 13). Cette pince s'emploie souvent pour arracher les clameaux. Pl. III, fig. 13.

Billots. Les billots servent à serrer le brêlage des poutrelles de guindage; ils ont ordinairement 0ᵐ,65 de longueur et 0ᵐ,04 de diamètre.

Pl. III, fig. 14, 15 et 16.

Piquets. On confectionne souvent les piquets sur place avec des bois que l'on débite à cet effet; mais il est préférable d'en avoir un certain nombre faits à l'avance et garnis d'une frette et d'un sabot en fer, qui leur donnent plus de solidité et en rendent l'emploi plus facile. Il est bon, dans tous les cas, d'en avoir de trois grandeurs différentes :

Les petits piquets (fig. 14) ont 1ᵐ,00 de longueur et 0ᵐ,08 à 0ᵐ,09 de diamètre à la tête; on s'en sert pour fixer les corps morts et pour assujettir les vindas ou les cabestans.

Les piquets moyens (fig. 15) ont une longueur de 1ᵐ,30, et 0ᵐ,09 à 0ᵐ,10 de diamètre au gros bout; ils servent à amarrer les traversières et les cordages d'ancre des radeaux des culées lorsqu'on n'établit pas de cinquenelle; on peut aussi fixer avec ces piquets les corps morts et les vindas, lorsque le sol a peu de fermeté;

Enfin les grands piquets oupieux (fig. 16) s'emploient pour amarrer les cordages qui doivent avoir une forte tension, comme les cinquenelles. On les enfonce ordinairement avec un mouton à bras; leurs dimensions sont de 1ᵐ,60 de longueur et de 0ᵐ,10 à 0ᵐ,12 de diamètre à la tête.

Pl. IV, fig. 17.

Vindas. Le vindas que l'on emploie pour tendre les cinquenelles est un treuil dont l'arbre est vertical; il se compose des parties suivantes (fig. 17) :

Le châssis : a, les côtés; b, les épars et leurs clavettes; c, la semelle; d, les montants avec leurs frettes; f, les arcs-boutants, et g, l'entretoise du collet du treuil avec ses clavettes;

Le treuil : h, le corps tronconique, muni d'un tourillon à sa partie inférieure; i, le collet retenu par une cravate en fer; *k*, la tête, percée de deux mortaises à angle droit pour recevoir les leviers, et portant deux frettes; *l*, le rouleau avec ses tourillons et ses deux crampons; *m*, les leviers à deux bras.

CABESTAN. Le cabestan, dont l'usage est le même que celui du vindas, est un treuil dont l'arbre est horizontal. Il comprend les parties ci-après (fig. 18) : Pl. IV, fig. 18.

Le châssis : *o*, les flasques avec liens en fer; *p*, les épars avec leurs clavettes;

Le treuil : *q*, le corps cylindrique; *r*, les renforts ou bouts équarris, munis chacun de deux frettes, et percés l'un et l'autre de deux mortaises pour recevoir les leviers; *s*, les chevilles en fer à la romaine avec chaînettes; *v*, les leviers à un bras.

PILOT. On appelle pilots des pièces de bois cylindriques ou prismatiques terminées en pointe à une de leurs extrémités, que l'on enfonce verticalement, au moyen de la sonnette ou du mouton à bras, dans le fond d'un cours d'eau, pour supporter les travées d'un pont. Ils ont généralement de $5^m,00$ à $7^m,00$ de longueur, suivant la profondeur de l'eau et la hauteur que l'on veut donner au tablier du pont; leur diamètre ou leur équarrissage varie de $0^m,24$ à $0^m,33$. Il est bon, si le fond offre de la résistance, de garnir la pointe des pilots d'un sabot en fer à trois branches de $0^m,50$ de longueur environ; on renforce aussi quelquefois la tête du pilot avec une frette en fer, afin d'empêcher que le bois ne se fende par suite du choc du mouton.

MOUTON À BRAS. Le mouton à bras (fig. 19) est employé pour enfoncer les pilots dans un terrain qui n'offre pas beaucoup de résistance, et on peut lui donner un poids de 40 à 50 kilogrammes. Il reçoit trois bras *b*, et douze chevilles *c*, pour en faciliter la manœuvre. Pl. IV, fig. 19.

3.

Pl. IV, fig. 20.

Sonnette à tiraudes. Lorsque les dimensions des pilots sont trop considérables, et que le sol est trop dur pour qu'on puisse se servir du mouton à bras, on emploie la sonnette à tiraudes (fig. 20), qui peut être manœuvrée par quinze à vingt hommes, et qui se compose des parties suivantes :

a, sole du patin; b, semelle du patin; c, liens du patin; d, les deux jumelles; f, les deux bras ou jambes de force; g, les deux entretoises; h, le chapeau; k, le rancher avec ses chevilles; m et n, la grande et la petite roue, lesquelles ont un axe commun ; p, le câble de la sonnette, auquel les tiraudes, qui portent chacune une poignée, sont attachées par un des procédés indiqués à la fig. 21 ; q, le mouton en fonte représenté à plus grande échelle sur la fig. 22 ; r, les deux tenons du mouton avec leurs clavettes ; s, le crochet de câble; v, la cheville en fer à tête pour supporter le mouton quand il est au repos ; x, les leviers (fig. 23), au nombre de deux ou de trois ; ils servent soit à déplacer la sonnette, soit à maintenir le pilot.

Pl. V, fig. 21, 22 et 23.

Pl. V, fig. 24.

Lorsqu'on n'a pas de mouton en fonte à sa disposition, on peut y suppléer par un mouton en bois, tel que celui que représente la fig. 24. Ce mouton est formé d'un bloc a, de chêne ou d'orme, de 0^m,40 d'équarrissage et d'environ 0^m,75 de hauteur, dont les arêtes verticales sont taillées en chanfrein de manière à donner au bloc la forme d'un prisme octogonal. Dans ces chanfreins, qui ont 0^m,08 à 0^m,09 de largeur, sont noyés de toute leur épaisseur quatre brides ou tirants en fer d, qui se terminent à chacune de leurs extrémités par une espèce de griffe, laquelle embrasse les frettes c et les maintient dans leur position; à la partie supérieure du mouton, on taille, dans le bloc même, une espèce de tenon b de 0^m,10 d'épaisseur, percé d'un trou de 0^m,06 de diamètre pour donner passage au câble de suspension; des crampons f, noyés dans le bois, soutiennent les frettes et s'opposent à leur rapprochement; enfin deux tenons g, de 0^m,08 sur 0^m,10 d'équarrissage et de 0^m,90 de longueur totale, traversent le corps du mouton et sont destinés à glisser contre la partie postérieure des jumelles.

Un semblable mouton pèse environ 160 kilogrammes; on peut, au besoin, en augmenter le poids en coulant du plomb dans une cavité que l'on pratique à cet effet dans le bloc de bois.

Faux pilot. Le faux pilot (fig. 25) s'emploie lorsque la tête d'un pilot Pl. V, fig. 25. doit être enfoncée plus bas que la sole de la sonnette. Il se pose alors sur la tête de ce pilot, auquel il transmet l'action du mouton qu'il reçoit directement. Le manche a du faux pilot sert à le maintenir dans une position verticale, et le goujon en fer b, qui fait saillie sur la face inférieure, a pour objet de rendre le pilot et le faux pilot solidaires.

Griffe en fer. Cette griffe (fig. 26), qui est terminée d'un côté par Pl. V, fig. 26. une pointe recourbée, et, de l'autre, par un anneau qui peut recevoir une corde, est souvent utile pour ramener les pilots dans leur position primitive lorsqu'ils s'en écartent pendant le battage.

Ancre. On appelle ancre (fig. 27) un instrument en fer et en bois Pl. VI, fig. 27. que l'on attache à un bout de cordage et que l'on descend au fond de l'eau pour amarrer un bateau ou un radeau, ou plus généralement un corps flottant quelconque. On distingue dans une ancre la verge a, la culasse b, les deux bras c, les deux pattes d, l'organeau c, et le jas f, qui peut être en fer et en bois.

Panier d'ancrage. A défaut d'ancre, on peut se servir du panier d'an- Pl. VI, fig. 28 et 29. crage (fig. 29), dont l'usage est d'ailleurs avantageux lorsque la nature du fond de la rivière n'est pas favorable au mouillage des ancres.

Le panier d'ancrage, dont la forme est tronconique, a ordinairement les dimensions suivantes :

Hauteur du clayonnage................	1^m,30
Diamètre de la grande base.............	1 ,20
Diamètre de la petite base.............	0 ,60

Sa capacité, déduction faite de la place occupée par l'arbre qui le traverse, est de $0^{m\,cub},440$, et il peut contenir environ 750 kilogrammes de pierres ou de gros graviers.

L'arbre a de $4^m,00$ à $6^m,00$ de longueur et $0^m,15$ de diamètre au gros bout. A $0^m,35$ de ce gros bout est pratiquée une mortaise dans laquelle pénètre la clavette en bois qui reçoit la petite base du panier ; cette clavette a $0^m,60$ de longueur, $0^m,04$ d'épaisseur et $0^m,12$ de hauteur. Le petit bout de l'arbre porte un anneau à patte en fer, ou, à son défaut, un anneau en corde pour amarrer le cordage.

Construction d'un panier d'ancrage. Il faut pour cette construction :

> 10 piquets de $1^m,60$ de longueur, pour le pourtour ;
> 4 piquets de $1^m,30$ pour la grande base,
> et 4 piquets de $0^m,80$ pour la petite base.

Tous ces piquets doivent avoir un diamètre d'environ $0^m,045$ et être affûtés à l'une de leurs extrémités.

Il faut en outre, pour le clayonnage et pour les harts, environ 400 gaulettes de $3^m,00$ à $3^m,30$ de longueur et de $0^m,014$ à $0^m,018$ de diamètre au gros bout.

Pl. VI, fig. 28. On commence par tracer sur le sol une circonférence de $1^m,08$ de diamètre, sur laquelle on enfonce les 10 grands piquets à $0^m,34$ les uns des autres (fig. 28). Ces piquets doivent pénétrer dans le sol de $0^m,20$, et être tous inclinés vers le centre de la base, de manière que les bouts supérieurs forment une circonférence de $0^m,40$ de diamètre. On monte alors le clayonnage comme celui d'un gabion ordinaire (voir le cahier de l'École de sape), en ayant soin, pendant ce travail, de maintenir les piquets dans la position ci-dessus indiquée, au moyen de cordes ou de harts qui s'opposent à leur écartement.

Quand le clayonnage est élevé de $0^m,20$, on y ménage, pour pouvoir charger le panier, une ouverture de $0^m,40$ de hauteur, dont la largeur comprend deux intervalles de piquets. Sur toute la partie correspondante à cette ouverture, les clayons sont repliés à droite et à gauche sur eux-mêmes pour envelopper les piquets latéraux.

On continue à monter le clayonnage jusqu'à o^m,o7 de l'extrémité supérieure des piquets, et on l'arrête par des harts posées de deux en deux piquets; puis on s'occupe des deux fonds.

Ces fonds sont formés chacun au moyen de 4 piquets, parallèles deux à deux, disposés à angle droit, et laissant entre eux un intervalle carré de o^m,15 de côté pour le passage de l'arbre; ils traversent d'outre en outre le clayonnage à o^m,o8 de distance des deux bases.

Après avoir introduit les 4 piquets du petit fond et fermé par un clayonnage les espaces compris entre la circonférence du panier et l'ouverture centrale de ce fond, on renverse le panier, on arrête le clayonnage de la grande base par une hart à chaque piquet, et on ferme le grand fond de la même manière que l'autre.

Le clayonnage des fonds s'exécute en commençant par le centre; il est nécessaire de tordre à l'avance, comme des harts, les gaulettes destinées à ce clayonnage, afin qu'elles acquièrent une flexibilité suffisante pour ne pas se casser pendant le travail.

Le panier étant achevé, on introduit l'arbre suivant l'axe du cône Pl. VI, fig. 29. (fig. 29), en le faisant passer à cet effet par les deux ouvertures qui ont été ménagées dans les fonds, et on l'arrête au moyen de la clavette qui s'applique extérieurement contre le petit fond.

Un atelier de trois hommes met huit heures pour confectionner un semblable panier d'ancrage.

Pour remplir ce panier, ce qui ne se fait ordinairement qu'au moment où on veut le mouiller, on y introduit le lest par l'ouverture qui a été pratiquée dans le clayonnage; puis on ferme cette ouverture au moyen de branchages entrelacés dont les bouts sont engagés sous le clayonnage dans l'intérieur du panier.

CAISSE D'ANCRAGE. On peut aussi employer, pour remplacer les ancres, des caisses en bois, de forme parallélipipédique, capables de contenir de

750 kilog. à 1,000 kilog. de gravier. L'enveloppe de ces caisses, qui peut être formée avec des madriers de $0^m,04$ à $0^m,05$ d'épaisseur, doit être solidement confectionnée; le cordage traverse la caisse en passant par deux trous ouverts au centre de deux petites faces opposées, et il est arrêté au dehors par un nœud et un billot.

CORDAGES. Les cordages dont on fait habituellement usage pour la construction des ponts ont les dimensions suivantes :

	Longueur.	Diamètre.	Poids.
Cinquenelle.	$120^m,00$	$0^m,054$	$218^k,000$
Cordage d'ancre.	80 ,00	0 ,025	43 ,000
Amarre.	14 ,00	0 ,025	7 ,530
Commande de guindage	2 ,60	0 ,014	0 ,420
Commande de billots.	1 ,50	0 ,006	0 ,035
Ligne de halage.	75 ,00	0 ,009	5 ,200
Câble de sonnette.	15 ,00	0 ,042	21 ,000
Tiraude de sonnette.	5 ,00	0 ,012	0 ,400

2ᵉ LEÇON.

NOEUDS DE CORDAGES EN USAGE DANS LES PONTS. **Pl. VI, VII et VIII.**

Les cordages sont d'un usage fréquent dans la construction des ponts, soit pour serrer ou arrêter les objets, soit pour transmettre un mouvement. La bonne confection des nœuds de cordages est d'une grande importance, afin d'éviter toute chance d'accidents.

Les exercices contenus dans la présente leçon devront être exécutés manuellement, pendant les séances affectées aux manœuvres de construction et de repliement des ponts, par les hommes que ces manœuvres laisseront disponibles ; on aura soin que tous les hommes y participent successivement.

Ganse (fig. 30). Elle se forme par le rapprochement des deux bouts d'un cordage, ou bien en repliant l'un des bouts contre le cordage même. **Pl. VI, fig. 30.**

Boucle (fig. 31). Les deux bouts d'une même corde croisés l'un sur l'autre. **Pl. VI, fig. 31.**

Nœud simple (fig. 32). Former une boucle et ramener le bout de dessous dans la boucle. **Pl. VI, fig. 32.**

Nœud simple gansé ou nœud coulant (fig. 33). Former une ganse à l'un des bouts du cordage ; faire tourner le brin libre autour des deux brins ; passer ce brin libre dans la boucle formée par le tour en le ramenant contre le long brin ; serrer en tirant sur le petit brin libre. **Pl. VI, fig. 33**

Si le brin libre est plié en ganse, on obtient un nœud qu'on peut défaire pendant la tension.

Quand le nœud simple gansé doit servir comme nœud coulant, il faut, avant de le former, passer le cordage autour du point d'attache. Ce nœud est plus convenable pour les petites cordes que le nœud allemand, dont il sera fait mention plus loin.

Pl. VI, fig. 34. **Nœud de galère** (fig. 34). Faire une boucle au milieu du cordage; avec le brin de dessous, former une ganse qu'on passe dans la boucle de dessous en dessus; passer le billot dans la ganse.

Ce nœud se fait au milieu d'une corde dont les extrémités ne sont pas libres; il sert à fixer sur la longueur de cette corde un billot auquel on applique l'effort. Il se défait lorsque la tension cesse et que l'on retire le billot.

Quand on est obligé de fixer plusieurs billots parallèles sur la longueur d'un cordage, le dernier billot, c'est-à-dire celui qui est le plus près de l'extrémité libre du cordage, s'attache par un nœud allemand, afin qu'il ne s'échappe pas et ne laisse pas échapper les autres.

Pl. VII, fig. 35. **Nœud droit** (fig. 35). Croiser l'un des bouts, celui venant de droite, par exemple, par-dessus l'autre brin; ramener le brin venant de droite autour du brin de gauche, de dessus en dessous, et de dedans en dehors; replier le brin de gauche pour en former une ganse; faire tourner le bout de droite autour du brin de gauche pour le faire entrer dans la ganse de dessus en dessous, et serrer.

Si le cordage est roide, il faut former une ganse avec l'un des bouts; passer l'autre dans la ganse; embrasser d'un tour de ce bout les deux brins formant la ganse, et le faire repasser dans la ganse; puis serrer.

Ce nœud se fait avec toutes sortes de cordes, de grosseur à peu près égale; il est solide, mais il se défait facilement, si, lors de sa confection, on a placé un billot au centre du nœud.

Pl. VII, fig. 36. **Nœud droit gansé** (fig. 36). Si l'on forme une ganse avec le bout de droite, avant de le faire entrer dans la ganse formée par le brin de gauche, on aura un nœud droit gansé.

Ce nœud ne peut se faire qu'avec des petites cordes.

Il se défait en tirant sur le bout gansé.

NŒUD ALLEMAND (fig. 37). Pour faire ce nœud, il faut passer le petit bout du cordage par-dessous le brin qui doit être tendu; engager le premier bout dans la boucle qui se trouve alors formée en le ramenant par-dessus le brin le plus long, et le faire tourner entièrement sur lui-même dans la partie de la boucle tout à fait opposée à celle par laquelle il est entré. Pl. VII, fig. 37.

Ce nœud se fait avec toutes sortes de cordes; il est très-solide pendant la tension, et se défait facilement lorsque la tension cesse.

NŒUD DE BATELIER OU D'ARTIFICIER (fig. 38). On enveloppe le piquet ou tout autre point d'amarrage avec le bout libre, en le ramenant au-dessous de l'autre brin; avec le même bout, on enveloppe de nouveau le piquet au-dessus du premier tour, et on passe le bout libre entre le dernier tour qu'on a formé et le brin déjà fixé; puis l'on serre. Pl. VII, fig. 38.

Si, au lieu de faire le nœud à l'une des extrémités du cordage, on veut le faire au milieu ou en un point quelconque de sa longueur, pour ensuite en coiffer l'objet à serrer, on opère de la manière suivante :

Former une boucle de chaque main, l'une en dessus, l'autre en dessous du cordage; placer sur la boucle, dont le bout libre est en dessus, celle dans laquelle il est en dessous; engager l'objet à serrer dans l'anneau formé par la réunion des deux boucles, et serrer.

Ce dernier nœud, qui, lorsqu'il est achevé, ne diffère point du précédent, porte plus particulièrement le nom de *nœud d'artificier.*

Ce nœud est plus facile à serrer que le nœud droit, et comme, d'un autre côté, on peut faire, l'un sur l'autre, autant de nœuds que l'on veut, il s'ensuit qu'il peut acquérir la plus grande solidité.

Il se fait avec des cordes de toutes les dimensions.

<table>
<tr><td>Pl. VII, fig. 39.</td><td>

Nœud de tisserand (fig. 39). Former une ganse avec un des deux bouts du cordage ; passer l'autre bout dans la ganse ; faire tourner ce dernier bout autour des deux brins de la ganse, et le passer entre la ganse et le brin introduit dans cette ganse ; puis serrer.

Ce nœud est préférable au nœud droit, lorsque les cordes sont d'inégale grosseur et que l'un des deux bouts est très-court.

</td></tr>
</table>

Pl. VII, fig. 39.

Nœud de tisserand (fig. 39). Former une ganse avec un des deux bouts du cordage ; passer l'autre bout dans la ganse ; faire tourner ce dernier bout autour des deux brins de la ganse, et le passer entre la ganse et le brin introduit dans cette ganse ; puis serrer.

Ce nœud est préférable au nœud droit, lorsque les cordes sont d'inégale grosseur et que l'un des deux bouts est très-court.

Pl. VII, fig. 40.

Nœud de poupée (fig. 40). Pour amarrer le cordage d'ancre à la poupée d'un bateau, il faut embrasser la poupée d'un tour fait avec le bout libre que l'on ramène au-dessus du long brin ; faire un second tour avec le même bout que l'on ramène au-dessous du long brin ; faire avec ce bout une boucle dont le bout libre soit en dessous ; coiffer la poupée avec cette boucle.

Serrer en tirant sur le brin libre.

Ce nœud diffère du nœud de batelier en ce que le cordage embrasse la poupée de trois tours.

Pl. VII, fig. 41.

Amarrage par demi-clefs (fig. 41). Pour amarrer un cordage à un piquet par des demi-clefs, on embrasse le piquet de deux tours de cordage, et on amène le brin libre, que l'on fait passer dans la boucle formée par ces brins ; on forme une seconde demi-clef, en croisant de nouveau le brin libre sur le long brin, et en le faisant ressortir de la boucle ainsi formée.

Si le cordage est amarré à demeure, on ficelle les deux brins réunis.

Pl. VII, fig. 42.

Amarrage en patte d'oie (fig. 42). Pour amarrer un cordage à un autre déjà tendu, on croise le bout du cordage libre sur le cordage tendu, et on fait, avec le bout du cordage libre, un tour du dessus en dessous, qui embrasse le cordage tendu, puis on ramène ce bout dans l'angle aigu formé par les deux cordages ; on fait un second tour de la même manière, puis on passe le bout du cordage libre sur l'autre brin du même cordage, et on forme avec le même bout deux demi-clefs, qui embrassent le cordage tendu en dessous des deux tours déjà formés; enfin on ficelle les deux brins réunis.

Nœud d'ancre (fig. 43). Pour amarrer le cordage d'ancre à l'ancre, Pl. VII, fig. 43. on fait passer deux fois le bout du cordage dans l'organeau, de manière à embrasser cet anneau de deux tours; on forme une demi-clef qui embrasse le long bout et le brin du second tour; on fait une seconde demi-clef en dessous de la première; puis on ficelle les deux brins réunis.

Couronnes de brêlage (fig. 44 et 45). Elles peuvent être à un brin, Pl. VII, fig. 44 et 45. à deux brins, à trois brins, à quatre brins, etc.

Pour faire une couronne à un brin, on forme une boucle avec le cordage, et on passe les bouts libres alternativement en dedans et en dehors de la boucle pour envelopper les brins qui la composent.

La couronne à deux brins, ou à trois brins, ou etc. se forme d'une manière analogue; après avoir doublé, triplé, etc. le cordage, pour faire une boucle double, ou triple, ou etc. on passe les bouts libres alternativement en dedans et en dehors, en enveloppant tous les brins qui composent la boucle. On termine en passant les bouts libres entre les différents tours, de façon qu'ils soient comprimés en serrant.

Les couronnes se serrent à l'aide d'un billot, de toute la force dont la résistance de la corde est susceptible. On arrête le long bout du billot au moyen d'un clameau, ou d'un crampon, ou d'un petit cordage.

Épissure (fig. 46). L'épissure sert à réunir deux extrémités de cordes Pl. VIII, fig. 46. de même grosseur. Elle forme, le long de la jonction, une saillie uniforme qui augmente d'environ $\frac{1}{3}$ le diamètre de la corde, mais qui ne l'empêcherait point de passer sur la gorge d'une poulie.

On l'emploie non-seulement pour assembler bout à bout plusieurs morceaux de cordes et en faire une seule, mais aussi pour réunir les extrémités d'une même corde et en faire une corde sans fin; pour insérer l'extrémité d'une corde en un point quelconque de sa longueur, afin de former un œillet ou une boucle.

Pour faire une épissure, on commence par détordre, sur une longueur de $0^m,30$ à $0^m,50$, selon la force des cordes, les brins des deux extrémités que l'on veut réunir. On croise les brins détordus comme on l'a indiqué en A sur la figure, et on rapproche l'un de l'autre les bouts de cordes jusqu'à ce que les parties non détordues se touchent, comme en B. On prend ensuite successivement les torons de l'un des bouts de la corde m, pour les introduire sous les torons de l'autre bout; le toron n° 1 de m sera introduit sous le toron n° 2 de n qui est compris entre les n°^{os} 2 et 3 de m, et ainsi de suite, de manière à former l'assemblage C tel que, si l'on desserrait les bouts de corde m et n, les torons présenteraient l'entrelacement C'.

Chaque fois que l'on a passé les trois torons d'un bout dans les trois torons de l'autre bout, il faut avoir soin de serrer.

On continue à entrelacer les torons du bout m dans ceux de n, et réciproquement, autant qu'on le juge nécessaire.

Chaque fois qu'on fait passer un toron, on diminue légèrement sa grosseur, afin que celle de l'épissure aille aussi en diminuant vers les extrémités. On coupe enfin les bouts excédants des torons, et l'épissure est terminée, comme on le voit en D.

On introduit les torons d'une corde sous ceux d'une autre corde à l'aide d'un instrument appelé *épissoir*.

Pl. VIII, fig. 47 et 48. Les *épissoirs* (fig. 47 et 48) sont en bois ou en fer, et ont la forme de cônes allongés; ils ont diverses grosseurs, suivant le diamètre des cordes que l'on épisse.

Ils servent à ouvrir les cordages pour le passage des torons.

Lorsque le cordage est gros et dur à manier, on chasse les épissoirs à coups de maillet.

L'épissure a une forme triangulaire quand la corde est à trois torons;

elle a une forme quadrangulaire quand elle est à quatre torons, et ainsi de suite.

Lorsque le cordage est un peu gros, on est obligé de le battre avec un maillet pour l'amoindrir.

On goudronne l'épissure si le reste du cordage l'est déjà. Cette précaution contribue à empêcher l'épissure de se défaire.

Pour qu'une épissure ne glisse pas, il faut que les torons des deux bouts de cordages soient entrelacés au moins deux fois.

L'expérience prouve que les cordes fortement tendues ne se brisent point aux épissures. Les épissures bien faites sont donc les parties les plus solides des cordes.

3ᵉ LEÇON.

—

OPÉRATIONS PRÉLIMINAIRES. — SONDAGE. — ÉTABLISSEMENT DES
CULÉES ET DES CINQUENELLES. — MOUILLAGE DES ANCRES ET
DES PANIERS D'ANCRAGE. — CONDUITE DES BARQUES.

La première opération à faire, lorsque l'on veut jeter un pont, est de
fixer la direction et la position de l'axe de ce pont au moyen de jalons
placés, soit sur les deux rives, soit au moins sur la rive de départ. Puis,
s'il s'agit d'un pont à supports fixes, il faut faire avec soin le sondage de
la rivière aux emplacements que doivent occuper ces supports.

CONSTRUCTION D'UNE CULÉE. Ce travail, qui s'exécute de la même manière pour les différentes espèces de ponts, comprend les opérations
suivantes :

1° Tracer, près de la rive, à l'emplacement fixé pour la culée, un
alignement d'équerre sur la direction de l'axe du pont;

2° Aplanir le sol, à partir de cet alignement, suivant le niveau déterminé par l'élévation que doit avoir le pont au-dessus des eaux, et sur
une largeur de 2ᵐ,25 à 2ᵐ,50 de chaque côté du milieu du pont;

3° Établir le corps mort sur le même alignement et sur des terres
bien damées de niveau, de manière que le milieu soit exactement dans
l'axe du pont; disposer, en arrière et jointivement contre la face verticale du corps mort, un madrier posé de champ qui le dépasse en hauteur d'au moins 0ᵐ,16, afin qu'on puisse y appuyer les poutrelles de la
première travée; consolider ce système au moyen de quatre forts piquets,
dont deux sont placés vers les extrémités du corps mort, contre la face
verticale qui regarde la rivière, et les deux autres en arrière contre la
face opposée du madrier ;

4° Enfin, marquer sur la surface supérieure du corps mort les traces des poutrelles de la première travée, lesquelles, pour un pont sur chevalets, sont le plus souvent au nombre de cinq, et doivent être placées à 0^m,70 l'une de l'autre.

Quatre hommes suffisent ordinairement pour construire une culée avec célérité.

CINQUENELLE. On appelle cinquenelle un fort cordage que l'on tend d'une rive à l'autre d'un cours d'eau, en amont d'un pont à construire, afin de pouvoir y amarrer différentes parties de ce pont et de les empêcher d'être déplacées ou entraînées par le courant.

Pour établir une cinquenelle, on commence par préparer, à environ 4^m,00 de distance de la berge, et à 8^m,00 ou 10^m,00 en amont de l'emplacement fixé pour le pont, une plate-forme horizontale sur laquelle on installe un vindas ou un cabestan, que l'on arrête solidement dans sa position, au moyen de piquets et par une amarre fixée elle-même à de forts piquets plantés à 1^m,00 environ en arrière; on équipe alors l'un des bouts de la cinquenelle sur le treuil, en ayant soin de l'y amarrer convenablement, et on transporte l'autre bout sur la rive opposée, en traversant la rivière sur une nacelle ou sur un radeau; enfin on attache ce bout à deux forts piquets placés l'un en arrière de l'autre, au moyen de nœuds de batelier. (Voir la 2° leçon.)

On manœuvre alors le treuil pour tendre la cinquenelle, et, lorsque la tension est suffisante, on arrête les leviers des treuils, au moyen de petits cordages.

MOUILLAGE D'UNE ANCRE. Le mouillage d'une ancre comprend les opérations suivantes :

1° Attacher le bout du cordage d'ancre à l'objet qu'il s'agit d'amarrer ;

2° Fixer l'autre bout du cordage à l'organeau, au moyen d'un nœud d'ancre;

3° Attacher à l'ancre, à la croisée de la verge et du jas, l'extrémité d'un cordage qui prend le nom d'*orin*, et qui a pour but de retenir un corps flottant nommé *bouée* ;

4° Charger l'ancre sur une nacelle ou sur un petit radeau de service, en la plaçant à l'une des extrémités, de manière qu'il suffise de pousser le cordage en le soulevant un peu pour qu'il tombe à l'eau ;

5° S'éloigner alors de l'objet à amarrer, de toute la longueur du cordage d'ancre, et, autant que possible, dans la direction du courant vers l'amont ; puis jeter l'ancre.

Pour lever une ancre, on charge sur une nacelle le cordage qui y est fixé, après l'avoir détaché de l'objet amarré ; on se porte alors, en halant sur ce cordage, à l'endroit où flotte la bouée ; puis, en tirant sur le cordage, on remonte l'ancre dans la nacelle.

Mouillage d'un panier d'ancrage. Le mouillage du panier d'ancrage s'exécute comme il suit :

1° Disposer, sur la nacelle, deux poutrelles fixées sur un des bords par des clameaux, et dépassant l'autre bord d'environ $1^m,00$;

2° Placer le panier sur ces poutrelles, la grande base tournée vers la nacelle, l'ouverture en haut ;

3° Charger le panier de pierres, en les introduisant par l'ouverture, et fermer cette ouverture comme il a été expliqué à la 1re leçon (page 23) ;

4° Amarrer une des extrémités du cordage d'ancre à l'objet qu'il s'agit d'ancrer, et l'autre extrémité à l'arbre du panier ;

5° S'éloigner de la longueur du cordage, puis déclameauder les poutrelles, pour que le panier fasse la bascule et tombe dans l'eau.

Lorsque les dimensions du panier d'ancrage sont plus grandes que celles qui ont été indiquées à la 1re leçon, ou quand la nacelle dont on fait usage est trop petite, on réunit à cette nacelle un bateau léger, sur lequel on dispose le panier de manière que, de la nacelle même, on puisse facilement le renverser à l'eau.

Le levage des paniers s'effectue de la même façon que celui des ancres.

Conduite des barques. Pour la conduite des barques, on aura soin de choisir, dans chaque compagnie, un certain nombre d'hommes parmi ceux qui ont déjà des notions de navigation, ou qui annoncent des dispositions à devenir bateliers, et on les exercera à la manœuvre des barques, à la gaffe ou à la rame. Ces mêmes hommes seront ensuite chargés de toutes les opérations que nécessitent le sondage des rivières ainsi que le mouillage des ancres et des paniers.

4ᴱ LEÇON.

—

Pl. VIII, IX,
X et XI.

CONSTRUCTION ET REPLIEMENT DES PONTS DE CHEVALETS.

Les chevalets, poutrelles, madriers, clameaux, cordages et agrès nécessaires pour la construction du pont doivent être préparés à l'avance et réunis en ordre à portée de l'emplacement où ce pont doit être établi. La direction de l'axe du pont doit, en outre, être jalonnée, soit sur les deux rives, soit sur une seule, la culée sur la rive de départ préalablement construite, et le sondage exécuté avec soin, sur toute la largeur de la rivière, ainsi qu'il a été expliqué dans la 3ᵉ leçon (1).

Le détachement chargé de la construction du pont est placé en bataille sur deux rangs, faisant face à la rive. Ce détachement est divisé en brigades, dont le nombre et la composition dépendent du genre de manœuvre que l'on doit adopter pour l'exécution du travail ; la brigade dite *des servants* peut toutefois être de force variable, suivant le nombre de travailleurs dont on dispose.

Chacune des brigades devant être subdivisée en deux sections égales qui exécutent des manœuvres identiques, l'une sur la droite, l'autre sur la gauche du pont, les hommes y sont numérotés séparément, par files,

(1) Dans les écoles régimentaires, l'emplacement où se jettent les ponts étant invariable, on y construit ordinairement des culées permanentes, afin de conserver une certaine consistance aux points de départ et d'arrivée des ponts. C'est par ce motif qu'on n'a pas compris, dans ce qui va suivre, le détachement chargé de l'établissement des culées au nombre des brigades que comportent les diverses manœuvres. Il en est de même du détachement qui doit jeter et lever les ancres, et tendre les cinquenelles, pour les ponts de radeaux.

de droite à gauche, de manière que les deux hommes d'une même file portent le même numéro. La manœuvre est dirigée par un officier, qui fait les commandements et qui surveille spécialement la tête du travail, et par deux sergents, dont l'un se tient près de l'officier, tandis que l'autre veille à l'arrivée des matériaux.

On décrira successivement dans cette leçon les différents procédés employés pour la construction des ponts de chevalets.

1ʳᵉ MÉTHODE, au moyen de deux longuerines. Il faut, pour cette ma- Pl. VIII, fig. 49 nœuvre, être muni des objets suivants : et 50.

Deux poutrelles, dites *longuerines*, de $7^m,00$ à $8^m,00$ de longueur et de $0^m,15$ à $0^m,20$ de grosseur, portant chacune, à $0^m,20$ d'une de leurs extrémités, une cheville d'arrêt de $0^m,10$ environ de saillie, et, à l'extrémité opposée, quelques bras disposés en forme d'échelons, dans un plan perpendiculaire à celui de la cheville. Chaque longuerine a, en outre, sur sa face supérieure et vers son milieu, une coche placée à une distance de la cheville égale à celle qui doit être ménagée entre deux chevalets consécutifs. Cette distance est inférieure de $0^m,50$ à la longueur des poutrelles dont on dispose pour supporter le tablier du pont ; elle est habituellement de $4^m,00$, les poutrelles ayant $4^m,50$ de longueur.

Deux rouleaux, de $0^m,60$ de longueur et de $0^m,15$ à $0^m,20$ de diamètre ;

Deux leviers ;

Quatre marteaux ;

Un panier de clameaux, dans le rapport de $1/3$ environ de clameaux à une face, et de $2/3$ de clameaux à deux faces ;

Deux cordes, de $3^m,00$ de longueur;

Deux gaffes ;

Deux coins en bois ;

Deux maillets ;

Un petit mouton en bois ;

Plusieurs billots et des cordes pour brêler les guindages.

L'opération consiste à amener le chevalet, les pieds en l'air, sur les deux longuerines qui sont placées, à cet effet, parallèlement à l'axe du pont, à 1^m,5o environ à droite et à gauche de cet axe; à le faire basculer et à l'amener dans la position qu'il doit occuper; on retire alors les longuerines, et on dispose le tablier du pont.

Le détachement chargé de la manœuvre est divisé en quatre brigades, comme il suit :

1re brigade. Dix hommes, numérotés de 1 à 5 dans chaque rang, pour mettre les chevalets en place en manœuvrant les longuerines. 1o hommes.

2e brigade. Six hommes, numérotés de 1 à 3 de la même manière, pour placer les poutrelles, les clameaux et les madriers 6

3e brigade. Quatre hommes, numérotés de 1 à 2 par files, pour exécuter les guindages. 4

4e brigade, dite *des servants*, de force variable suivant les circonstances, mais au moins de dix hommes, pour apporter les matériaux 1o

TOTAL . . . . 3o hommes.

Chacune des travées successives est exécutée aux commandements et par les procédés suivants; néanmoins, le premier commandement n'est fait qu'une seule fois, lors du commencement de la manœuvre.

1° À VOS POSTES.

La 1re brigade se porte, par le flanc droit, aux deux côtés du pont, près de la travée à construire, les hommes du premier rang à gauche, extérieurement et le long d'une des longuerines, et ceux du deuxième rang à droite, de la même manière par rapport à l'autre longuerine; les n°s 1 de chaque rang sont munis chacun d'un levier et d'un rouleau.

La 2e brigade se place devant l'emplacement de la travée à construire ; les n°s 1 (1re file) ont chacun un marteau, des clameaux qu'ils portent dans une ceinture, et une corde passée en sautoir. Les n°s 2 (2e file), armés de gaffes, se tiennent derrière les n°s 1; les n°s 3 (3e file) sont prêts à aider les n°s 2.

La 3e brigade reste un peu en arrière des précédentes, les deux hommes du premier rang placés à gauche, et ceux du deuxième rang à droite; ils sont pourvus de maillets, de coins, de billots et des cordes nécessaires pour les guindages.

La brigade des servants se rend au dépôt des matériaux.

2° AUX LONGUERINES.

Les deux sections de la 1re brigade disposent les deux longuerines suivant la longueur du pont, à 1^m,50 de chaque côté du milieu, de manière qu'elles débordent d'environ 1^m,00, par leurs extrémités, la culée ou la partie du pont déjà faite. Les n°s 1 placent chacun leur rouleau sous une longuerine, un peu en arrière de la coche (fig. 49).

3° AMENEZ LE CHEVALET.

Les servants apportent un chevalet, en le tenant les pieds en l'air, le chapeau dans le sens de la longueur du pont; puis ils le font converser de manière à pouvoir placer le chapeau en travers sur les deux longuerines en arrière des chevilles. Ils le font alors basculer en avant pour mettre les pieds du chevalet à l'eau, et se retirent par la gauche du pont.

Les hommes de la 1re brigade, à droite et à gauche, pèsent sur les longuerines afin de former équilibre au poids du chevalet.

(Lorsque les chevalets sont de fortes dimensions, les servants, au lieu de les apporter sur le pont, les mettent à l'eau en aval de la culée; quelques hommes de la 1re brigade les conduisent, au moyen d'amarres et de gaffes, jusqu'en tête du travail. Cette brigade engage alors les bouts des longuerines sous le chapeau, les chevilles en avant, et rabat les longuerines sur le tablier.)

6.

Le chevalet une fois porté sur les longuerines, les n° 1 de la 2° brigade s'avancent à cheval sur ces longuerines et les lient fortement avec le chapeau du chevalet, celui-ci joignant les chevilles, puis ils reviennent aussitôt sur le pont. Les n° 2 facilitent cet amarrage en maintenant le chevalet au moyen de gaffes.

4° AU LARGE.

Les deux sections de la 1re brigade poussent les longuerines en avant, avec ensemble, et autant d'un côté que de l'autre, sans cesser de peser dessus pour soutenir le chevalet. Les n° 1 suivent les rouleaux afin qu'ils ne dévient pas de dessous les longuerines. Si le courant est rapide, la section qui se trouve du côté d'aval veille à maintenir la longuerine dans une bonne direction, et pour cela, s'il en est besoin, le n° 1 de cette section la contient au moyen d'un levier qu'il appuie sur le chapeau du dernier chevalet posé; les n° 1 de la 2° brigade secondent cet effort, ainsi que la conduite des rouleaux, et les n° 2 maintiennent le chevalet verticalement, à l'aide de gaffes.

5° HALTE.

Ce commandement est fait lorsque, par suite de l'avancement des longuerines, les coches se trouvent correspondre à la face antérieure de la culée ou du chapeau du dernier chevalet posé, ce qui indique que le nouveau chevalet est à la distance voulue.

La 1re brigade cesse alors ses efforts en avant. L'officier examine la situation du chevalet, et la fait rectifier au besoin, en commandant *à droite* ou *à gauche*. Si c'est à droite, les deux sections appuient l'extrémité intérieure des longuerines sur la gauche, et si c'est à gauche, on appuie au contraire à droite.

6° BIEN.

La 1re brigade cesse de peser sur les longuerines, mais en observant de lâcher des deux côtés au même instant, afin que le chevalet se pose d'aplomb (fig. 5o).

Les n°s 1 de la 2ᵉ brigade se rendent aussitôt sur ce chevalet en passant sur les longuerines (1), et se préparent à la manœuvre suivante.

7° AUX POUTRELLES.

A ce commandement, les servants, groupés par deux, et portant chacun l'extrémité d'une poutrelle sur l'épaule droite ou sous le bras droit, arrivent en file par la droite du pont, et remettent successivement les poutrelles aux n°s 2 et 3 de la 2ᵉ brigade, puis s'en retournent par la gauche.

Les n°s 2 et 3 de la 2ᵉ brigade font passer les poutrelles aux n°s 1 qui sont postés sur le nouveau chevalet, en faisant glisser les premières poutrelles sur les longuerines, et les suivantes sur celles qui sont déjà placées. Les n°s 1 reçoivent les extrémités des poutrelles et règlent leur placement, en observant que, si les poutrelles de la dernière travée sont en amont des précédentes, les nouvelles doivent être en aval des dernières, et réciproquement.

Les n°s 1 et 2 fixent ensuite les poutrelles extrêmes de droite et de gauche aux deux chevalets par des clameaux; puis les n°s 1 délient les extrémités des longuerines. La 1re brigade retire aussitôt ces longuerines en arrière, d'environ la longueur d'une travée.

8° AUX MADRIERS.

Les servants apportent les madriers, en opérant comme pour les poutrelles, et en arrivant par la droite du pont pour sortir par la gauche.

Les numéros 3 de la 2ᵉ brigade, placés debout sur les poutrelles de droite et de gauche de la travée, faisant face aux servants, reçoivent de

(1) Lorsque le fond est vaseux ou peu consistant, il arrive souvent que le chapeau du chevalet qui vient d'être placé n'est pas horizontal, parce que les pieds s'enfoncent inégalement. Il faut alors battre le chapeau à l'aide du petit mouton en bois, du côté où les pieds ne sont pas suffisamment enfoncés. Dans ce cas, l'un des n°s 1 de la 2ᵉ brigade, avant de se rendre sur le nouveau chevalet, jette le mouton à l'eau, et l'amène, au moyen d'une corde fixée à l'une des anses, jusqu'auprès du chevalet. Arrivé sur le chapeau, il hisse le mouton à lui, et, aidé par l'autre n° 1, il s'en sert pour rétablir l'horizontalité du chapeau.

ces derniers les madriers, et les disposent transversalement à l'axe du pont pour former le tablier.

9° GUINDEZ.

La 3e brigade s'occupe de la pose des poutrelles de guindage. A cet effet, les deux hommes du premier rang, placés sur la gauche du tablier, et les deux du deuxième rang, sur la droite, disposent ces poutrelles parallèlement à la longueur du pont, de manière qu'elles correspondent aux poutrelles extrêmes du tablier, et puissent être rattachées avec ces dernières et avec les poutrelles de guindage précédemment posées au moyen de cordes de brêlage. Cette opération doit être exécutée aussi rapidement qu'il est possible, au fur et à mesure que l'espace nécessaire devient disponible. Les hommes de la 3e brigade veillent d'ailleurs, sans cesse, aux rectifications que l'ensemble des guindages pourrait exiger.

La travée étant ainsi terminée, on procède à la construction de la travée suivante en passant par la même série d'opérations et aux mêmes commandements, sauf le premier qui devient inutile, ainsi qu'il a été dit plus haut.

Enfin, lorsqu'on est parvenu à l'emplacement de la dernière travée qui doit s'appuyer sur la culée de la rive d'arrivée, on fait passer d'abord sur cette rive, dans une nacelle ou sur un radeau, pour établir la culée, quelques hommes munis des outils et des agrès nécessaires, puis on achève le travail aux commandements : *aux poutrelles, aux madriers, etc.*

Pl. IX, fig. 51 et 52. *2e MÉTHODE, au moyen de poutrelles de rampe* (fig. 51 et 52). Le procédé qui vient d'être décrit exige que l'on ait à sa disposition deux pièces de bois d'une assez grande longueur et d'un équarrissage suffisant pour former les deux longuerines, condition qui peut n'être pas toujours facile à remplir en campagne. En outre, lorsque la rive de départ est sensiblement plus élevée que le niveau qu'on doit donner au tablier du pont, la manœuvre des longuerines pour le placement des deux premiers chevalets devient impossible, et il faut alors recourir à d'autres moyens pour y parvenir. La méthode suivante est susceptible d'être employée dans le cas dont il s'agit, et peut s'appliquer d'ailleurs, en général, avec avantage, lorsqu'on opère dans un cours d'eau dont la vitesse et la profondeur ne sont pas considérables.

Il faut, pour cette manœuvre, les objets ci-après :

Deux poutrelles, dites *poutrelles de rampe*, de $0^m,12$ à $0^m,15$ d'équarrissage et de longueur variable suivant l'écartement des chevalets et la hauteur du tablier du pont au-dessus du fond de la rivière. Cette longueur doit être d'environ $5^m,00$ pour une hauteur de tablier de $3^m,00$ et une largeur de travée de $4^m,00$. Les poutrelles sont appointées à l'une de leurs extrémités, et un trou percé à peu de distance de l'autre bout permet d'y passer une corde de $2^m,00$ de longueur.

Deux gaffes, deux cordes de $8^m,00$, deux cordes de $16^m,00$, un panier de clameaux et quatre marteaux ; les objets nécessaires pour brêler, savoir : deux maillets, deux coins, plusieurs cordes et billots.

Le procédé consiste à faire glisser le chevalet sur les deux poutrelles disposées en rampe, dont le pied aboutit, au fond de l'eau, à l'emplacement que doit occuper le chevalet, et dont le sommet s'appuie sur la culée ou sur le chevalet déjà posé. On redresse alors le chevalet en poussant en avant la tête des poutrelles et s'aidant avec des gaffes.

Le détachement pour jeter le pont doit être composé de 26 hommes au moins, répartis de la manière suivante :

1re brigade. Douze hommes sur deux rangs, numérotés, dans chaque rang, de 1 à 6, pour dresser le chevalet, placer les poutrelles, les clameaux et les madriers...................... 12 hommes.

2e brigade. Quatre hommes sur deux rangs, numérotés de 1 à 2, pour les guindages...................... 4

3e brigade, dites *des servants*. Dix hommes au moins pour apporter les chevalets, les poutrelles et les madriers.... 10

Total................ 26 hommes.

Chacune des travées est exécutée aux commandements et par les procédés suivants :

1° A VOS POSTES.

La 1re brigade se rend par le flanc en tête du pont, les hommes du 1er rang à gauche, et ceux du 2e rang à droite; les n°s 1 et 2 de chaque section portent une poutrelle de rampe; les n°s 3 ont chacun une corde de 8^m,oo; les n°s 4, chacun une corde de 16^m,oo; enfin les n°s 5 et 6 sont munis d'une gaffe dans chaque section.

Le 2e brigade se place un peu en arrière de la première, portant les objets nécessaires pour le guindage, le 1er rang à gauche et le 2e rang à droite.

La 3e brigade se tient au dépôt du matériel.

2° FORMEZ LA RAMPE.

Les n°s 1 et 2 de la 1re brigade disposent les deux poutrelles de rampe inclinées et parallèles à l'axe du pont, leur extrémité supérieure appuyée contre la culée ou contre le chapeau du dernier chevalet posé, et dépassant un peu le niveau du tablier du pont. La distance hors œuvre des poutrelles doit être un peu moindre que la distance dans œuvre des pieds du chevalet, et le bout appointé doit être fiché au fond de la rivière sous l'aplomb du nouveau chevalet à poser (fig. 51).

3° APPORTEZ LE CHEVALET.

La 3e brigade apporte le chevalet, le place les pieds en l'air perpendiculairement à l'axe du pont, un peu en arrière des poutrelles de rampe (fig. 51).

4° AMARREZ.

Les n°s 3 de la 1re brigade amarrent leurs cordes de 8^m,oo à chacune des extrémités du chapeau; les n°s 4 coiffent les pieds extérieurs avec leurs cordes de 16^m,oo, et les font passer ensuite sous le chapeau.

5° PLACEZ LE CHEVALET SUR LA RAMPE.

Les n°s 1 et 2 de la 1re brigade maintiennent les poutrelles de rampe au moyen des cordes qui traversent leurs têtes; la 3° brigade fait tourner doucement le chevalet jusqu'à ce que les pieds ou les écharpes touchent ces poutrelles, en ayant soin de ne pas laisser tomber le chevalet sur la rampe, ce qui pourrait briser les écharpes; elle soulève alors le chapeau pour le placer sur la rampe, et se retire (fig. 52).

6° DRESSEZ LE CHEVALET.

Les n°s 1 et 2 de la 1re brigade soulèvent l'extrémité des poutrelles de rampe pour faire descendre le chevalet, et commencent à le dresser; les n°s 5 et 6 poussent, dans le même but, le chapeau avec leurs gaffes; les n°s 3 et 4 maintiennent le chevalet avec leurs cordes (fig. 52).

7° TIREZ À DROITE (*ou* À GAUCHE).

Le n° 4 de droite ou de gauche, selon le commandement, aidé, s'il est nécessaire, par le n° 3, tire les pieds du chevalet à lui avec sa corde.

8° BIEN.

Les mêmes hommes ôtent les cordes qui embrassent les pieds intérieurs du chevalet; les n°s 1 et 2 retirent les poutrelles de rampe et les couchent en arrière; les n°s 5 et 6 appuient leurs gaffes sur le chapeau du chevalet, d'une part, et sur le pont, de l'autre, pour servir à placer les premières poutrelles du tablier en les faisant glisser sur ces gaffes.

Le reste de la manœuvre s'exécute aux mêmes commandements et par les mêmes moyens que dans la méthode précédente; les n°s 1, 2, 3 de la 1re brigade s'acquittent des fonctions que remplissait la 2° brigade dans cette méthode; les n°s 1 ont alors chacun un marteau passé dans la ceinture.

Pl. X, fig. 53
et 54.

3e MÉTHODE, au moyen d'un petit radeau de manœuvre (fig. 53 et 54). Lorsqu'on doit opérer sur une rivière dont le courant a une certaine force, la manœuvre des longuerines pour placer les chevalets devient difficile, et peut même présenter quelques dangers. L'emploi des poutrelles de rampe offre également, dans cette circonstance, des inconvénients analogues, et ce dernier procédé devient d'ailleurs presque impraticable quand la profondeur de l'eau est considérable. La méthode suivante peut être employée avec avantage dans les cas dont il s'agit, surtout si l'on a pu préalablement tendre, en amont de l'emplacement du pont, une cinquenelle pour maintenir le radeau de manœuvre contre l'action du courant (Voir la 3e leçon.)

Cette méthode exige les objets et agrès ci-après :

Un petit radeau, capable de porter six hommes, quelques agrès et une grande partie du poids d'un chevalet. Dans les cas les plus habituels, et avec des chevalets de dimension ordinaire, cette charge peut être évaluée à 700 kilogrammes environ, et il suffit de former le corps de radeau de six poutres en sapin ayant au moins $6^m,00$ de longueur chacune et $0^m,25$ d'équarrissage. Ces poutres sont chevillées et brêlées jointivement à trois traverses (fig. 54). Le radeau porte en outre, de part et d'autre, à égale distance de son axe transversal, deux fourches verticales qui laissent entre elles un intervalle égal à la distance hors œuvre des pieds d'un chevalet. Chaque fourche est composée de deux montants de $1^m,50$ de hauteur et de $0^m,25$ sur $0^m,08$ d'équarrissage, lesquels sont distants entre eux de $0^m,20$ et sont emboîtés entre deux poutres jointives du radeau, ou assemblés sur une semelle chevillée ou clamcaudée sur le radeau. Les montants sont percés de trous qui se correspondent et qui peuvent recevoir, à diverses hauteurs, un boulon en fer ou une cheville en bois de $0^m,40$ environ de longueur.

Deux longuerines de $5^m,50$ à $6^m,00$ de longueur et de $0^m,15$ environ d'équarrissage. Chacune porte à l'une de ses extrémités une cheville en fer formant saillie sur $0^m,10$ à $0^m,12$, et à l'autre extrémité un trou cylindrique qui traverse la longuerine dans un plan perpendiculaire à celui de la cheville et qui est destiné à recevoir le boulon ou la broche mobile des fourches du radeau. Les longuerines sont garnies en outre, à chaque bout, d'une poignée en corde pour en faciliter la manœuvre.

Quatre cordes d'amarre de 6ᵐ,oo à 8ᵐ,oo de longueur;

Deux paniers de clameaux avec quatre marteaux;

Quatre gaffes;

Deux maillets, deux coins en bois, plusieurs billots et des cordes pour brêler.

Pour cette manœuvre, les deux longuerines se placent parallèlement, de part et d'autre et à une distance égale de l'axe du pont, laissant entre elles un intervalle un peu plus grand que celui du hors-œuvre des pieds d'un chevalet; elles posent d'un côté sur les fourches du radeau, et de l'autre sur la culée ou sur le chapeau du dernier chevalet mis en place. On amène le chevalet sur ces longuerines les pieds en l'air, on le fait culbuter et on le dépose à sa place, en laissant descendre les longuerines, que l'on enlève ensuite lorsque le chevalet porte sur le fond de la rivière.

Le détachement chargé du travail doit être composé de vingt-quatre hommes, au moins, qui sont répartis ainsi qu'il suit:

1ʳᵉ brigade. Quatre hommes numérotés de 1 à 2 dans chaque rang et placés sur le radeau, deux à chaque fourche. (Si les chevalets étaient très-lourds, cette brigade devrait être portée à six hommes.)...   4 hommes.

2ᵉ brigade. six hommes, numérotés de 1 à 3 par rang, qui se tiennent à la tête du pont pour placer les chevalets, les poutrelles et les madriers.......................   6

3ᵉ brigade. Quatre hommes pour les guindages.....   4

4ᵉ brigade, dite *des servants,* de dix hommes au moins, pour apporter les matériaux.......................   10

TOTAL.......... 24 hommes.

Le travail s'exécute aux commandements et par les procédés suivants :

1° À VOS POSTES.

La 1re brigade se porte sur le petit radeau, les n°s 2, placés près des fourches avec des cordages d'amarre, et les n°s 1 aux deux extrémités du radeau. Ces deux derniers, armés de gaffes, aidés au besoin par les n°s 2, amènent le radeau à sa place vis-à-vis et à une petite distance de la culée ou du dernier chevalet posé, et le maintiennent dans cette position contre le courant. (Si ce courant était un peu fort, il faudrait amarrer le radeau à une cinquenelle tendue préalablement d'une rive à l'autre.)

La 2e brigade se place à la culée ou sur la dernière travée déjà faite, les hommes du premier rang à gauche, ceux du deuxième rang à droite, l'un des deux sous-officiers au centre ; les n°s 2 sont armés chacun d'une gaffe, et les n°s 3 ont chacun une corde d'amarre. Les longuerines sont placées sur la rive ou sur la partie du tablier déjà posée, à droite et à gauche, parallèlement à l'axe du pont.

2° DISPOSEZ LES LONGUERINES.

Les n°s 1 et 2 de la 2e brigade soulèvent les longuerines et présentent leurs extrémités antérieures aux n°s 2 de la 1re brigade, qui les placent dans les fourches du radeau à une hauteur telle, que les longuerines soient à peu près horizontales lorsque leurs extrémités postérieures reposeront sur la culée ou sur le chapeau du dernier chevalet posé.

3° LE RADEAU AU LARGE.

Les n°s 1 de la 1re brigade poussent le radeau au large avec leurs gaffes. Les n°s 1 de la 2e brigade leur viennent en aide en saisissant les longuerines par les poignées en corde. Les deux longuerines doivent être placées parallèlement et à égale distance de l'axe du pont, de manière à laisser entre elles un intervalle un peu plus grand que celui du hors-œuvre des pieds du chevalet. On pousse le radeau en avant jusqu'à ce que les longuerines soient arrêtées par la cheville en fer que porte leur extrémité postérieure, et qui vient rencontrer la culée ou le chapeau du dernier chevalet mis en place (1) (fig. 53).

4° REMONTEZ, DESCENDEZ, BIEN.

Les n°⁵ 1 de la 1ʳᵉ brigade font monter ou descendre le radeau jusqu'au commandement *bien*, qui se fait lorsque le milieu du radeau est dans l'axe du pont; ils le maintiennent dans cette position avec leurs gaffes.

5° AMENEZ LE CHEVALET.

Les servants apportent le chevalet, les pieds en l'air, la longueur du chapeau suivant l'axe du pont; puis ils le font tourner, le placent sur les deux longuerines en avant de la cheville d'arrêt, et se retirent par la gauche du pont. Alors les hommes de la 2ᵉ brigade, après que l'officier a vérifié la position du chevalet, et s'est assuré que, dans le mouvement de bascule, ses pieds ne viendront pas heurter les longuerines, le font culbuter en avant. Les n°⁵ 1 de la 2ᵉ brigade saisissent les extrémités des cordes que leur font passer les n°⁵ 2 de la 1ʳᵉ brigade, et les attachent, ainsi que celles qu'ils reçoivent des n°⁵ 3 de la seconde, vers les extrémités du chapeau en dehors des pieds du chevalet (fig. 53).

6° LE CHEVALET AU LARGE.

Les n°⁵ 2 de la 1ʳᵉ brigade tirent le chevalet avec les cordes dont ils ont retenu les extrémités, et l'arrêtent à la distance voulue contre des coches ou des tasseaux placés à cet effet sur les longuerines pour indi-

(1) Il est avantageux d'avoir, sur le devant du radeau, deux pitons correspondant verticalement au dessous des longuerines, et dans lesquels on passe des cordes dont les deux bouts sont fixés à la longuerine correspondante par un nœud droit gansé, ou passés dans un piton que porte la face inférieure de la longuerine. On donne ainsi au radeau plus de stabilité, et on évite qu'il ne chavire lorsque les hommes viennent à se porter ensemble sur l'un des côtés du radeau pendant la manœuvre.

quer cette distance; les n°s 2 de la 2e brigade maintiennent le chevalet vertical avec leurs gaffes, et les n°s 3 agissent au besoin avec leurs cordes pour que le chapeau demeure perpendiculaire à l'axe du pont (fig. 54).

7° PLACEZ LE CHEVALET.

Les n°s 2 de la 1re brigade retirent les boulons des fourches et laissent ensemble descendre peu à peu le chevalet dans l'eau en soutenant les longuerines avec les poignées en corde; puis ils arrêtent les longuerines en plaçant les boulons quelques trous plus bas; enfin ils se mettent à cheval sur le chevalet et détachent les cordes d'amarre, qui sont alors retirées par ceux qui les tiennent.

8° AUX POUTRELLES.

Les servants apportent les poutrelles, en se mettant deux pour chacune et en les portant comme il a été dit plus haut; ils arrivent en file par la droite du pont, et s'en retournent par la gauche, après avoir remis successivement leurs poutrelles aux n°s 1 et 2 de la seconde brigade, qui les mettent en place, aidés par les hommes de la première, en faisant glisser les premières poutrelles sur les longuerines, et les autres sur celles qui sont déjà placées. Les n°s 2 de la 1re brigade les clameaudent au chapeau du nouveau chevalet, et les n°s 3 de la deuxième au chapeau de la culée ou du chevalet précédent.

9° LE RADEAU AU LARGE.

Les n°s 1 de la 1re brigade poussent au large avec leurs gaffes; les n°s 1 de la 2e brigade dégagent les chevilles des longuerines, et, soulevant celles-ci avec les poignées de cordes, ils les laissent flotter et les conduisent, en passant sur les poutrelles extrêmes d'amont et d'aval, sur le chapeau du chevalet qui vient d'être posé, les chevilles d'arrêt derrière ce chapeau. Les n°s 2 de la 1re brigade replacent les longuerines dans les fourches à la hauteur convenable.

10° AUX MADRIERS.

Les servants apportent les madriers de la même manière que les poutrelles, les remettent aux n°ˢ 3 de la 2ᵉ brigade, qui, placés sur les poutrelles, à droite et à gauche de la travée, faisant face aux servants, les reçoivent et les disposent pour former le tablier.

11° GUINDEZ.

La 3ᵉ brigade place les poutrelles de guindage et les brêle à mesure que le placement des madriers le permet, le tout comme il a été expliqué au sujet de la méthode avec les longuerines.

La travée achevée, on procède à la construction d'une nouvelle en reprenant au 4ᵉ commandement : *montez, descendez le radeau, bien.*

4ᵉ MÉTHODE, au moyen de gaffes et de cordes (fig. 55). Cette méthode, très-simple et très-expéditive, peut être employée avec succès lorsque les chevalets n'ont pas de trop grandes dimensions et que le courant n'est pas très-rapide ; elle consiste à amener le chevalet à l'eau, en le faisant flotter, jusqu'à l'emplacement qu'il doit occuper ; puis à le dresser en appuyant sur les extrémités des pieds avec des gaffes, pendant qu'on tire sur le chapeau au moyen de cordes. L'opération n'exige que les objets suivants :

Quatre gaffes de 5ᵐ,oo à 6ᵐ,oo de longueur ;

Quatre cordes de 1oᵐ,oo environ de longueur ;

Deux paniers de clameaux et quatre marteaux ;

Enfin les objets nécessaires pour les brêlages, et qui sont les mêmes dans tous les cas, quel que soit le mode employé pour le placement des chevalets.

Le détachement doit être de vingt-six hommes au moins, qui sont répartis en quatre brigades de la manière suivante ·

1ʳᵉ brigade. Six hommes, numérotés de 1 à 3 par file, pour diriger

Pl. XI, fig. 55.

le chevalet dans l'eau et le dresser en place. . . . .   6 hommes.

2ᵉ brigade. Six hommes, numérotés de 1 à 3 de la même manière, pour placer les poutrelles, les clameaux et les madriers.   6

3ᵉ brigade. Quatre hommes pour exécuter les guindages.   4

4ᵉ brigade, dite *des servants*, composée de dix hommes au moins, pour amener les chevalets, les poutrelles et les madriers.   10

TOTAL. . . . .   26 hommes.

La manœuvre s'exécute comme il suit et aux commandements ci-après, dont le premier, toutefois, ne se fait qu'au commencement du travail (fig. 55) :

1° À VOS POSTES.

La 1ʳᵉ brigade se porte sur la rive, un peu en aval de la culée du pont à construire, vis-à-vis d'un emplacement où l'on a eu soin préalablement de former une rampe pour faire glisser les chevalets à l'eau, soit en adoucissant et en régularisant au besoin le talus de la berge, soit simplement en couchant deux poutrelles sur ce talus. Les hommes sont placés sur deux rangs, les nᵒˢ 1 et 2 armés chacun d'une gaffe, et les nᵒˢ 3 munis chacun d'une corde d'amarre.

La 2ᵉ brigade se place près de la culée, les trois hommes du 1ᵉʳ rang à gauche et ceux du 2ᵉ rang à droite; les nᵒˢ 1 et 2 portent chacun un marteau et des clameaux.

La 3ᵉ brigade, portant les objets nécessaires pour les guindages, reste un peu en arrière de la précédente, le 1ᵉʳ rang à gauche et le 2ᵉ rang à droite.

Enfin la 4ᵉ brigade, sur deux rangs, se tient au dépôt des matériaux.

2° AMENEZ LE CHEVALET.

Les servants apportent un chevalet, en le tenant les pieds en l'air, et le disposent sur la rive, vis-à-vis de l'emplacement de la rampe préparée pour le mettre à l'eau, le chapeau en avant parallèlement à la rive, et les pieds couchés sur le sol. Les n°s 3 de la 1re brigade attachent alors leurs cordes aux deux extrémités du chapeau du chevalet en dehors des pieds; puis la 1re brigade, aidée des servants, descend le chevalet à l'eau en le faisant glisser sur la rampe, le chapeau toujours en avant. Les servants retournent ensuite au dépôt des matériaux.

3° LE CHEVALET AU LARGE.

Les n°s 1 et 2 de la 1re brigade piquent leur gaffe deux à deux dans les pieds du chevalet, et le poussent au large, les n°s 3 le maintenant à distance convenable au moyen de leurs cordes. On le conduit ainsi à peu près à l'emplacement qu'il doit occuper, en ayant soin de ne pas changer sa position par rapport à l'axe du pont; c'est-à-dire que le chapeau doit être du côté de la rive vers laquelle on se dirige, et les pieds tournés vers la culée ou vers la partie du pont déjà exécutée.

4° HALTE.

Ce commandement est fait lorsque le chevalet est arrivé sur l'axe du pont et à une distance convenable. Les hommes de la 1re brigade le maintiennent alors dans sa position, et l'officier, après avoir vérifié cette position, la fait rectifier, s'il y a lieu, en commandant, suivant les besoins : *à droite, à gauche, en avant* ou *en arrière*. Les hommes agissent sur les gaffes ou sur les cordes, de manière à produire les mouvements indiqués.

5° BIEN.

Le chevalet étant convenablement disposé, l'officier fait le commandement *bien.* Les hommes de la 1re brigade restent alors immobiles, en faisant seulement les efforts nécessaires pour maintenir le chevalet.

6° DRESSEZ LE CHEVALET.

A ce commandement, tous les hommes de la 1re brigade agissent ensemble pour dresser le chevalet; les n°s 3 tirent fortement, mais sans secousses, sur les cordes, pendant que les n°s 1 et 2 pèsent sur les pieds du chevalet avec leurs gaffes, en les accompagnant, à mesure qu'ils s'enfoncent dans l'eau, et en se reprenant au besoin pour repiquer leurs gaffes, de manière que chaque pied soit toujours maintenu par une gaffe au moins. A mesure que le chevalet se dresse, les n°s 3 diminuent graduellement leurs efforts, afin de ne pas renverser le chevalet du côté de la tête du pont.

Le chevalet étant tout à fait dressé et posé sur ses pieds, les n°s 1 de la 1re brigade disposent chacun leur gaffe horizontalement, l'angle compris entre les deux pointes appuyant contre l'arête supérieure du chapeau, et le manche reposant sur la culée ou sur le madrier le plus avancé de la partie du pont déjà faite. L'officier vérifie alors, au moyen de coches ou de marques qui ont dû être tracées sur la hampe des gaffes, si la distance du nouveau chevalet est exacte, et il s'assure en outre que le milieu du chapeau correspond à l'axe du pont. Si ces conditions ne sont pas suffisamment remplies, il commande : *renversez le chevalet,* ce qui s'exécute en poussant avec les gaffes sur le chapeau de manière à coucher le chevalet dans l'eau comme il était avant la manœuvre. On recommence alors l'opération du dressage. Enfin, quand le travail est exécuté convenablement, l'officier commande : *bien,* puis :

7° AUX POUTRELLES.

Les servants apportent les poutrelles suivant la méthode ordinaire. Les n°s 1 de la 1re brigade maintiennent leurs gaffes horizontalement dans la position ci-dessus indiquée, les n°s 3 tenant toujours les cordes d'amarre. Les n°s 1 de la 2e brigade font glisser chacun une poutrelle sur la gaffe voisine jusqu'à ce que cette poutrelle porte sur le chapeau du dernier chevalet. Ils passent alors sur ce chevalet en marchant sur les poutrelles, et se tiennent prêts à recevoir les autres poutrelles à mesure que les n°s 2 et 3 de la même brigade les leur font passer. Ils donnent ensuite, au besoin, quelques coups de mouton sur le chapeau du chevalet pour le consolider dans sa position ; puis ils fixent les poutrelles au chapeau au moyen de clameaux, pendant que les n°s 2 font la même opération de leur côté. Ils détachent ensuite les cordes d'amarre et se retirent.

Le reste de la manœuvre s'exécute aux commandements : *aux madriers, guindez,* comme il a été expliqué précédemment.

Quand les hommes sont un peu exercés, cette méthode de jeter un pont est beaucoup plus expéditive que tous les autres procédés ; mais il faut une grande habitude, tant de la part de celui qui dirige que de ceux qui exécutent la manœuvre, pour parvenir à un certain degré de précision dans la pose des chevalets. Dans un fort courant, il serait nécessaire d'amarrer les chevalets à une cinquenelle tendue en amont pendant l'opération du dressage.

REPLIEMENT DES PONTS DE CHEVALETS. Le repliement d'un pont de chevalets est exécuté par un détachement de vingt-six hommes au moins, divisé en quatre brigades, comme il suit :

1re brigade. Six hommes pour renverser les chevalets et les conduire à la rive . . . . 6 hommes.

2e brigade. Six hommes détachent les clameaux et remettent les madriers et les poutrelles aux servants chargés de les emporter 6

3e brigade. Quatre hommes pour ôter les guindages 4

4e brigade, dite *des servants,* de dix hommes au moins, pour le transport des matériaux 10

TOTAL . . . . 26 hommes.

8.

La manœuvre est commandée par un officier et dirigée par deux sous-officiers, dont l'un se tient en tête du travail et l'autre veille au rangement des matériaux; elle s'exécute aux commandements ci-après, qui se renouvellent pour chaque travée du pont :

1° DÉGUINDEZ.

Les hommes de la 3ᵉ brigade délient les brêlages et enlèvent les poutrelles de guindage, en commençant par la partie du pont voisine de la rive que l'on veut abandonner.

2° LES MADRIERS EN RETRAITE.

Les servants, arrivant par la droite du pont et se retirant par la gauche, enlèvent successivement les madriers et les emportent au dépôt des matériaux. Les nᵒˢ 3 de la 2ᵉ brigade, placés à cet effet à droite et à gauche du pont, en remettent un à chaque couple de servants.

3° LES POUTRELLES EN RETRAITE.

Les nᵒˢ 1 et 2 de la 2ᵉ brigade, munis de petites pinces et de marteaux, détachent les clameaux des poutrelles, et ramènent ces poutrelles sur le pont; les nᵒˢ 3 de la même brigade les remettent aux servants, qui les emportent.

En même temps, les nᵒˢ 1, placés sur le chevalet à enlever, amarrent les deux bouts du chapeau de ce chevalet avec des cordes, et repassent sur le pont, avant l'enlèvement des dernières poutrelles.

4° LE CHEVALET EN RETRAITE.

Les deux sections de la 1ʳᵉ brigade, déjà saisies des amarres fixées au chevalet, le renversent dans l'eau, l'amènent en aval du pont, en le dirigeant avec des gaffes et le tirant le long du pont jusqu'à la rive. Puis on le fait monter le long de la berge, sur laquelle on a dû disposer, s'il est nécessaire, deux poutrelles formant une rampe.

Quand les chevalets sont légers, on peut les tirer de suite hors **de** l'eau, en disposant deux poutrelles en rampe, adossées au chevalet qui précède celui qu'on veut enlever, et l'emporter alors sur le pont jusqu'à la rive.

5ᵉ LEÇON.

—

     CONSTRUCTION ET REPLIEMENT DES PONTS DE RADEAUX.

Les radeaux, construits comme il a été dit à la 1ʳᵉ leçon, doivent êtres réunis et amarrés le long de la rive de départ, en aval de l'emplacement du pont projeté. Les poutrelles, les madriers et les autres objets ou agrès nécessaires sont déposés en ordre à proximité de cet emplacement; la direction du pont est jalonnée, soit sur les deux rives, soit sur une seule; enfin la culée de la rive de départ doit être établie, et une cinquenelle tendue en amont de la position choisie pour le pont, par les procédés décrits à la 3ᵉ leçon.

La manœuvre exige les objets suivants :

Une nacelle ou un petit radeau pour l'amarrage des grands radeaux à la cinquenelle;

Huit ou dix gaffes;

Un cordage, qui doit être fort si le courant est rapide, pour le halage des radeaux;

Deux cordes d'amarre par travée;

Deux paniers de clameaux, contenant des clameaux à une face et à deux faces, dans la proportion de $\frac{2}{3}$ pour les premiers et de $\frac{1}{3}$ pour les seconds;

Six marteaux, deux maillets, deux coins en bois, plusieurs billots et des cordes, pour les guindages.

Le détachement chargé de la construction du pont est placé en bataille, sur deux rangs, près de l'emplacement où le pont doit être jeté. Il est commandé par un officier qui a sous ses ordres quatre sous-officiers, et est composé de quarante-quatre hommes au moins, répartis en cinq brigades de la manière suivante :

1re brigade. Dix hommes, divisés en deux sections de cinq hommes chacune, et numérotés de 1 à 5 dans chaque section, pour amener les radeaux et les mettre en place..................... 10 hommes.

2e brigade. Six hommes, numérotés de 1 à 3 dans chaque rang, pour placer les poutrelles, les clameaux et les madriers............................. 6

3e brigade. Quatre hommes, numérotés 1 et 2 dans chaque rang, pour les guindages.................. 4

4e brigade, dite *des servants,* de force variable suivant les circonstances, mais autant que possible de vingt hommes au moins, pour le transport des madriers et des poutrelles........................... 20

5e brigade. Quatre hommes, pour l'ancrage et l'amarrage des radeaux à la cinquenelle................. 4

TOTAL............... 44 hommes.

Chacune des travées successives est exécutée aux commandements suivants, sauf le premier commandement, qui n'a lieu qu'au commencement, du travail (fig. 56).

1° A VOS POSTES.

La 1re section de la 1re brigade se rend au lieu de rassemblement Pl. XII, fig. 56. des radeaux, et se dispose à en conduire un en tête du pont. L'autre section se porte en arrière de la culée ou sur le dernier radeau placé, et s'y prépare à aider au rangement du nouveau radeau.

La 2e brigade se place derrière la précédente, ou à l'extrémité du pont déjà faite, munie des deux paniers de clameaux dont chacun contient deux marteaux. Les n°s 1 de la 2e brigade portent en sautoir de petites cordes de 3^m,00 de longueur.

La 3ᵉ brigade se tient un peu en arrière des deux précédentes, les hommes du premier rang à gauche, et ceux du deuxième rang à droite, munis des objets nécessaires pour le guindage.

La 4ᵉ brigade, des servants, se rend au dépôt des poutrelles et des madriers.

La 5ᵉ brigade se tient à part, prête à exécuter séparément le travail particulier qui lui est affecté, conformément à ce qui a été expliqué à la 3ᵉ leçon.

L'officier se place en tête du travail, l'un des sergents près de l'officier, un autre à la conduite des radeaux, le troisième avec les servants, et le quatrième avec la 5ᵉ brigade pour surveiller l'ancrage et l'amarrage des radeaux.

2° AMENEZ LE RADEAU.

La 1ʳᵉ section de la 1ʳᵉ brigade amène le radeau, depuis la rive jusqu'en tête du pont, et vient le ranger, le bec en amont, contre la rive en face de la culée, ou contre le dernier radeau mis en place. Elle est aidée dans cette manœuvre par la 2ᵉ section. A cet effet, la première a dû attacher à chacune des deux extrémités du nouveau radeau, et près des traverses, une amarre assez longue pour être remise à la 2ᵉ section et servir à tirer le radeau. On s'aide en outre des gaffes. Dès que le nouveau radeau est assez rapproché, la 2ᵉ section fixe les amarres au radeau précédent, ou bien, s'il s'agit de la première travée, à de forts piquets enfoncés sur la rive de départ, à droite et à gauche du pont; puis elle se rend à la rive pour amener le radeau suivant. Les deux sections se succèdent ainsi alternativement à la conduite des radeaux, l'une pour les radeaux de rang pair, l'autre pour les radeaux de rang impair.

Si le courant est rapide, on facilite l'arrivage des radeaux en les faisant haler par un certain nombre de servants.

3° AUX POUTRELLES.

Les servants, réunis par groupes de quatre, apportent les poutrelles

sur l'épaule droite; ils arrivent par la droite du pont et s'en retournent.
par la gauche.

La 2ᵉ brigade jette un madrier d'un radeau à l'autre, puis elle se
répartit, savoir : les nᵒˢ 1 sur le radeau à placer, prenant avec eux un
panier de clameaux; les nᵒˢ 2 sur la culée ou sur le dernier radeau, et
les nᵒˢ 3 à l'extrémité du tablier. Ces derniers reçoivent les poutrelles
des servants, et les font passer aux nᵒˢ 1 et 2, qui les disposent sur la
culée et sur le radeau, ou sur les deux radeaux, à $0^m,76$ l'une de l'autre;
dans ce dernier cas, les poutrelles doivent joindre celles de la précédente
travée, alternativement en amont et en aval, suivant l'observation qui a
été faite à la 4ᵉ leçon, à l'occasion des ponts sur chevalets. Les nᵒˢ 2
fixent aussitôt, au moyen de clameaux, chaque poutrelle à la culée ou
au support du milieu du dernier radeau mis en place.

Le sergent qui était près de l'officier, en tête du travail, passe alors
sur le nouveau radeau.

4° LE RADEAU AU LARGE.

Les nᵒˢ 1 et 5 de la section de la 1ʳᵉ brigade qui est sur le radeau délient les bouts des amarres qui y sont attachées, mais en les laissant
engagées de manière à pouvoir céder ou retenir peu à peu; les nᵒˢ 2, 3
et 4 de cette brigade se portent chacun à l'extrémité libre d'une des
poutrelles intermédiaires, qu'ils soulèvent légèrement, afin que le frottement de ces poutrelles sur les supports ne fassent pas obstacle à
l'écartement du radeau; les nᵒˢ 1 de la 2ᵉ brigade agissent de même aux
deux poutrelles extrêmes. Tous favorisent alors le mouvement en poussant sur le bout des poutrelles. Les nᵒˢ 2 et 3 de la 2ᵉ brigade, placés
sur la culée ou à l'extrémité du pont déjà posé, aident à la manœuvre,
s'il est nécessaire, en poussant avec des gaffes.

5° HALTE.

Ce commandement est fait par le sergent qui se tient sur le radeau à
placer, lorsque, par suite du mouvement précédent, le support du

milieu de ce radeau est arrivé à o^m,3o de l'extrémité antérieure des poutrelles, ou seulemeut de la plus courte de ces poutrelles, si elles sont de longueur inégale. Aussitôt l'officier examine la situation du radeau, quant à la direction et à la distance, et la fait rectifier suivant le besoin, en faisant agir les hommes aux amarres et aux gaffes, en commandant, selon les cas : *montez* ou *descendez le radeau*.

6° BIEN.

Les n°s 1 de la 2e brigade fixent, au moyen de clameaux, les extrémités des poutrelles au nouveau radeau, en les espaçant convenablement, comme il a été dit au 3e commandement.

Les n°s 2 et 3 de la section de la 1re brigade qui est sur le radeau les secondent dans cette opération, s'il est nécessaire, en agissant à l'extrémité des poutrelles.

Les n°s 1 et 5 de la même section fixent alors définitivement les amarres destinées à maintenir l'écartement des radeaux, et la 5e brigade amarre le nouveau radeau à la cinquenelle (1).

7° AUX MADRIERS.

Les servants, disposés en file, apportent les madriers comme dans le cas d'un pont sur chevalets. Les n°s 3 de la 2e brigade, placés sur les poutrelles faisant face aux servants, reçoivent les madriers et les mettent en place, de manière à prolonger le tablier jusqu'à o^m,6o du nouveau radeau.

8° GUINDEZ.

La 3e brigade place les poutrelles de guindage et les brêle à mesure que le placement des madriers offre l'espace nécessaire.

(1) A défaut de cinquenelle, on peut, lorsqu'on a des ancres ou des paniers d'ancrage à sa disposition, maintenir les radeaux au moyen d'ancrages ; les ancres doivent alors être jetées à une distance en amont du pont au moins égale à 11 fois la hauteur du point d'amarrage au-dessus du fond. Plus cette distance est grande, moins on est exposé à voir plonger le bec des radeaux.

. Cependant, la 2ᵉ section de la 1ʳᵉ brigade amène un autre radeau; et l'on continue la construction du pont par les mêmes manœuvres.

Le dernier radeau du pont doit être amarré comme le premier à deux forts piquets sur la rive d'arrivée.

Repliement des ponts de radeaux. Un détachement, divisé de la même manière que pour la construction du pont, exécute cette opération pour chaque travée, ainsi qu'il suit :

1° DÉGUINDEZ.

La 3ᵉ brigade délie les brêlages de la travée et remet les poutrelles de guindage aux servants, qui les enlèvent.

2° LES MADRIERS EN RETRAITE.

Les nᵒˢ 3 de la 2ᵉ brigade enlèvent les madriers du tablier jusqu'à 0ᵐ,60 en deçà du dernier radeau, et les remettent aux servants.

3° APPROCHEZ LE RADEAU.

Les nᵒˢ 1 et 5 de la section de la 1ʳᵉ brigade placée sur le radeau délient les amarres et halent dessus pour rapprocher le radeau du précédent. Les nᵒˢ 2, 3 et 4 de la même section détachent les clameaux des extrémités des poutrelles intermédiaires, qu'ils soulèvent alors en tirant sur l'autre extrémité qui reste fixée au radeau précédent. Les nᵒ 1, de la 2ᵉ brigade opèrent de même aux poutrelles extrêmes Enfin les nᵒˢ 2 et 3 de cette brigade secondent la manœuvre, s'il est nécessaire, en agissant avec des gaffes.

4° LES POUTRELLES EN RETRAITE.

Les nᵒˢ 2 de la 2ᵉ brigade détachent les clameaux de l'extrémité postérieure des poutrelles; puis, aidés par les nᵒˢ 1, ils enlèvent ces poutrelles, les remettent aux nᵒˢ 3, et ceux-ci les livrent aux servants;

qui les emportent. Les n°s 1 quittent alors le radeau ainsi dégarni en emportant le panier de clameaux.

5° LE RADEAU EN RETRAITE.

La section de la 1re brigade qui monte le radeau le conduit à la rive par l'aval du pont.

Pendant ce temps, l'autre section de la même brigade, qui a dû ramener le radeau précédent, revient en tête du pont pour reprendre un nouveau radeau.

Le repliement se continue de la sorte jusqu'à la culée. Si les radeaux sont amarrés à une cinquenelle, les amarres doivent être détachées au fur et à mesure du repliement des travées, et la cinquenelle levée ensuite. S'ils sont retenus par des ancres ou par des paniers, on lève ces ancres ou ces paniers avant de ramener chaque radeau sur la rive. Ces opérations sont exécutées comme il a été dit à la 3° leçon.

PASSERELLE EN CORPS D'ARBRES FORMÉE D'UN SEUL RADEAU. Lorsqu'un cours d'eau n'a pas une largeur de plus de 40 à 50 mètres, et que le courant n'est pas très-rapide, on peut y établir assez promptement une passerelle pour l'infanterie, au moyen d'un seul radeau que l'on construit d'abord le long de la rive que l'on occupe, pour le faire converser ensuite de manière qu'il joigne les deux rives par chacune de ses extrémités. A cet effet, on dispose contre le bord de la rivière deux files de corps d'arbres de $0^m,32$ à $0^m,40$ de diamètre (fig. 57), ayant chacune une longueur à peu près égale à la largeur du cours d'eau que l'on veut franchir. Les corps d'arbres sont brêlés solidement l'un au bout de l'autre dans chaque file avec des cordes, et se recroisent de $0^m,80$ environ. Les deux files sont établies parallèlement à $1^m,00$ ou $1^m,50$ de distance l'une de l'autre, écartement qui est maintenu par quelques traverses; puis on recouvre ce système d'un tablier formé soit par des planches clouées ou clameaudées, soit par des rondins ou des claies, à défaut de planches.

Pour faire converser ce radeau, on fixe d'abord aux corps d'arbres, au moyen de nœuds coulants, deux amarres qui embrassent la première traverse du radeau, et dont les bouts libres sont attachés à des pieux plantés à la hauteur de l'emplacement que pourrait occuper la culée. Une longue corde est attachée de la même manière, à l'extrémité de l'aile qui doit converser, et fixée sur la rive à un piquet planté à la hauteur de la dernière traverse d'amont. Si la longueur du radeau l'exigeait, on pourrait encore attacher une seconde corde vers le milieu de sa longueur, en avant et contre une traverse.

On abandonne alors le radeau au courant, en détachant de la rive l'extrémité d'amont. Pendant la conversion, on agit sur les amarres qui retiennent l'extrémité d'aval contre la rive, et on laisse filer autour de son piquet la corde attachée au bout de l'aile marchante (ainsi que celle qui a été attachée au milieu du radeau, si cette dernière a été jugée nécessaire). On empêche, avec des gaffes, l'aile du pivot de toucher la rive. Quelques hommes répartis sur la longueur du radeau, et armés de gaffes, retiennent ou accélèrent le mouvement, de manière à maintenir le radeau en ligne droite.

Lorsque la conversion est terminée, on fait serrer le pont contre la rive de départ, on plante deux piquets sur l'autre rive, et on y amarre le radeau.

On maintient le pont dans sa position, soit au moyen de cordes attachées sur les divers points de sa longueur et amarrées à des pieux plantés sur les rives, soit avec des piquets battus fortement à la masse ou au mouton à bras contre le radeau. Ce dernier moyen est suffisant, quand le cours d'eau est peu profond et peu rapide.

Enfin on établit des culées, si cela est nécessaire.

Une passerelle de cette espèce, en la supposant formée de bois légers et de corps d'arbres de $0^m,40$ au moins de diamètre, peut donner passage à des hommes armés, placés sur un seul rang et espacés de mètre en mètre. On peut aussi y faire passer des chevaux conduits à la main par leurs cavaliers, en laissant entre chaque cheval un intervalle de

9

$7^m,5o$, de manière à n'avoir que deux chevaux et deux cavaliers par $15^m,oo$ courants de pont.

Si les arbres n'avaient que $o^m,3a$ de diamètre, les charges précédentes devraient être réduites de moitié environ.

Le *repliement* de ce pont se fait également par un quart de conversion, qui s'opère vers l'aval du cours d'eau. On détache toutes les amarres de la rive d'arrivée, et on les roule sur le tablier; on arrache, s'il y a lieu, les piquets qui ont été plantés contre le radeau. On embrasse, d'un tour, les deux pieux d'amarrage de l'extrémité pivotante, ainsi que ceux des cordes attachées à l'extrémité de l'aile marchante et vers le milieu du pont; on laisse alors descendre le radeau, en filant les cordages d'amarres sur les pieux plantés sur la rive de départ, tant que la longueur de ces cordages et leur direction, par rapport au pont, les rendent utiles pour modérer le mouvement. Enfin on dirige et on règle la conversion au moyen de gaffes.

6ᵉ LEÇON.

PONTS DE BATEAUX ET PONTS AUTRICHIENS.   Pl. XIII et XIV

PONTS DE BATEAUX. La construction des ponts de bateaux, avec un matériel préparé à l'avance et qui est transporté à la suite des armées sur des voitures spéciales, appartient au service de l'artillerie. Mais on peut aussi avoir à jeter un pont de cette espèce avec les ressources qui se trouvent sur les lieux, en employant alors des bateaux du commerce, et ce travail rentre dans ceux dont le corps du génie peut être chargé en campagne.

La première opération à faire dans ce cas est de choisir et de classer les bateaux, qui sont souvent de dimensions très-variées. Il faut, autant que possible, éviter d'employer, dans la construction d'un pont, des bateaux de grandeur trop différente, attendu que ces bateaux s'enfonceraient alors inégalement sous des poids égaux, ce qui rendrait le parcours du pont très-incommode et pourrait même compromettre la liaison des diverses parties du système. Toutefois, si les bateaux ont une grande largeur, cet inconvénient deviendra beaucoup moins grave, et la différence de capacité des bateaux aura alors peu d'importance.

Lorsqu'on emploiera des bateaux inégaux, on devra avoir l'attention de faire succéder par gradation les différentes grandeurs, de proportionner les intervalles aux dimensions des bateaux, et enfin de placer dans la partie du cours d'eau où le courant est le plus fort ceux des bateaux qui, en raison de leur forme particulière, devront opposer à ce courant moins de résistance. Les poutrelles de travées devant reposer ordinairement sur les plats-bords des bateaux, il faudra chercher à niveler, autant que possible, ces plats-bords en lestant convenablement les bateaux. Il peut arriver, toutefois, que les bordages de quelques bateaux ne présentent pas assez de force pour porter immédiatement la charge du pont; on remédie alors à cet inconvénient en plaçant dans le fond du bateau, et dans le sens de sa longueur, un *chevalet-support*, dont le chapeau est destiné à recevoir les poutrelles, et qui se compose ordinairement d'un chapeau, d'une grande semelle, de deux petites semelles placées en croix sur les extrémités de la grande, et de trois entretoises unissant la grande semelle au chapeau. Tout ce système est maintenu solidement par des traverses qui le relient aux bordages. Le chapeau du chevalet ne doit d'ailleurs s'élever que de $0^m,06$ à 0^m08 au-dessus du niveau des plats-bords, afin que, dans les oscillations que le pont peut éprouver, les poutrelles pèsent en même temps sur les plats-bords et sur le chevalet. On peut aussi, au lieu de chevalets-supports, poser simplement sur les plats-bords des bateaux des châssis destinés à maintenir l'écartement des bordages, et qui sont composés de deux traverses entaillées pour le logement des plats-bords et de trois liens horizontaux posés sur les traverses dans le sens de la longueur du bateau, les deux extrêmes correspondant aux plats-bords, et le lien central, qui doit être un peu plus élevé que les deux autres, placé à l'aplomb de la ligne milieu du bateau.

La construction du pont se fait d'ailleurs de la même manière, quels que soient les bateaux dont on se sert, pourvu toutefois qu'ils aient été, au besoin, préalablement disposés de manière à pouvoir supporter les poutrelles au moyen des procédés qui viennent d'être indiqués. La marche du travail est tout à fait analogue à celle qui a été décrite pour l'établissement des ponts sur radeaux. On commence par rassembler les bateaux en aval de l'emplacement où le pont doit être construit, et l'on réunit, à portée du travail, les poutrelles, les madriers et tous les agrès nécessaires. On établit alors la culée par les procédés décrits à la 3ᵉ leçon, et on tend une cinquenelle en amont, à moins qu'on ne se propose de maintenir les bateaux en place au moyen d'ancrages, ce qui est souvent préférable.

Ces opérations préliminaires une fois terminées, on amène le premier bateau contre la berge, dans la direction du pont, vis-à-vis de la culée, et on l'amarre à deux piquets plantés sur la rive, l'un en amont, l'autre en aval de cette culée. On place les poutrelles sur le corps mort et sur le bateau, en les espaçant convenablement, et on les fixe au corps mort au moyen de clameaux ; puis des hommes placés dans le bateau soulèvent les extrémités antérieures des poutrelles et poussent le bateau au large, jusqu'à ce que la plus courte des poutrelles ne dépasse plus que de o^m,33 environ le plat-bord extérieur du bateau. On aligne alors ce bateau et on clameaude les poutrelles au côté extérieur, puis on pose les madriers du tablier de la première travée. On attache définitivement les deux amarres aux piquets de la rive, et on jette l'ancre qui doit maintenir le bateau dans sa position (ou on le fixe à la cinquenelle au moyen d'un cordage). Pendant ce temps, le second bateau est amené bord à bord contre le précédent ; on attache aux poupées de ce dernier les traversières qui doivent être placées en diagonales pour régler l'écartement des bateaux, et on apporte les poutrelles de la deuxième travée, que l'on clameaude au plat-bord intérieur du premier bateau ; puis on pousse le deuxième bateau au large, et l'on continue ainsi comme pour la première travée. Les guindages se placent ensuite de la même manière que dans les ponts de radeaux ou de chevalets.

On pratique ordinairement aux ponts de bateaux, dans la partie qui correspond au plus fort du courant, une *portière* ou partie mobile composée de deux ou de trois bateaux. Cette portière, qui est construite à part, en aval du pont, est réunie aux bateaux voisins au moyen de quatre faux guindages, dont le milieu correspond à la jonction de la portière avec les parties fixes du pont. De cette manière, on évite d'entraver la navigation par la construction du pont, ce qui peut être d'une grande importance quand ce pont doit être conservé pendant un certain temps.

Les ponts de bateau se replient par la manœuvre inverse de celle qui a été suivie pour leur construction, c'est-à-dire qu'on les démolit bateau par bateau, à partir de la culée de la rive qu'on abandonne.

Au lieu d'établir un pont de bateaux par bateaux successifs, suivant ce qui vient d'être indiqué, on peut, lorsque le courant n'est pas trop fort, construire ce pont le long de la rive de départ, et le mettre ensuite en place par un quart de conversion, opération qui peut aussi servir à le replier d'une seule pièce ; mais il faut pour cela que le pont soit construit très-solidement ; et si l'on craint que les diverses parties ne se désunissent pendant le mouvement, il est bon de placer de fortes pièces de bois dans le sens de la longueur du pont, en les attachant solidement aux becs des bateaux, de manière que le tout forme un système invariable.

Ponts autrichiens. Le système de ponts militaires autrichiens, dit *à la Birago*, du nom de son inventeur, comporte un matériel spécial et complet, préparé à l'avance, et dont le transport exige des voitures d'une disposition particulière. Sous ce rapport, les ponts à la Birago ne rentrent pas dans les attributions ordinaires du service du génie. Cependant, comme ce système contient plusieurs dispositions ingénieuses dont on peut tirer un parti avantageux dans l'établissement des ponts avec des ressources locales, on en donnera une description succincte, en indiquant ensuite comment on peut, en imitant et en simplifiant le matériel autrichien, improviser sur place des éléments de pont qui présentent une grande partie des propriétés distinctives de ce système.

L'équipage autrichien contient à la fois des *corps de support flottants* et des *corps de support fixes*.

Les supports flottants sont des pontons en bois composés de plusieurs pièces qui peuvent s'assembler bout à bout : l'une de ces pièces se nomme *bec de ponton* (fig. 58), et l'autre *corps de ponton* (fig. 59). On peut transporter facilement ces éléments sur des voitures et former des pontons de longueurs variables, suivant les besoins, en réunissant plusieurs parties au moyen de *plaques d'union* qui rendent la liaison de ces parties très-solide.

Les *supports fixes* consistent en *corps morts* (fig. 60) et en *chevalets* (fig. 61). Le *corps mort* porte à chacune de ses extrémités une *griffe* formée par deux taquets en chêne, ce qui permet d'utiliser au besoin ce corps mort comme poutrelle de pontage.

Le *chevalet* (fig. 61) est formé : 1° d'un chapeau (fig. 62) en sapin, de 5^m,22 de longueur, 0^m,23 de hauteur et 0^m,16 de largeur : chaque tête du chapeau est renforcée sur sa largeur, consolidée au moyen de deux frettes en fer, et traversée par une coulisse de 0^m,10 sur 0^m,27, inclinée de 22° sur la verticale et destinée à donner passage aux pieds; 2° de quatre pieds en sapin de brin (fig. 63, 64, 65, 66), de longueurs différentes, afin de pouvoir être appropriés aux diverses hauteurs d'eau dans lesquelles on doit opérer : ces pieds entrent à frottement dans les coulisses du chapeau, et sont ordinairement jumelés dans chaque coulisse; cependant, quand on fait usage des pieds n°s 1 et 2, qui sont les plus courts, on ne place qu'un seul pied dans chaque coulisse, et on le maintient alors au moyen du *faux-pied* (fig. 67). On a d'ailleurs soin de serrer les pieds dans les coulisses à l'aide de coins en bois dur. Enfin deux chaînes de suspension en fer, portant à l'une de leurs extrémités un anneau dont on coiffe le sommet des pieds et passant à l'autre extrémité dans un autre anneau fixé au chapeau par un piton, contribuent encore à maintenir ce chapeau à sa hauteur en soulageant les coulisses.

Pour donner plus de stabilité aux pieds et empêcher qu'ils ne s'enfoncent dans le sol, on les munit, à leur extrémité inférieure, de semelles en bois (fig. 68 et 69). L'équipage autrichien en comprend deux modèles de grandeurs différentes. Ces semelles sont percées de deux mortaises ou coulisses pour le passage des pieds, lesquels y sont maintenus au moyen d'une cheville en fer qui traverse le sabot du pied et est attachée à la semelle par une chaînette.

Les chevalets à la Birago ont sur les chevalets ordinaires l'avantage de s'appliquer à des profondeurs d'eau très-différentes, de pouvoir être montés et démontés promptement et aisément, et d'être d'un transport facile. Mais ils n'ont par eux-mêmes aucune stabilité dans le sens transversal. Pour remédier à ce défaut, les *poutrelles de pontage* (fig. 70)

Pl. XIII, fig. 62.

Pl. XIII, fig. 63, 64, 65, 66.

Pl. XIV, fig. 67.

Pl. XIV, fig. 68 et 69.

Pl. XIV, fig. 70.

portent à chacune de leurs extrémités une échantignolle en bois dur fixée à la poutrelle au moyen de deux frettes en fer, et dans laquelle est pratiquée une entaille qui sert à emboîter la poutrelle sur le corps mort et sur les chapeaux des chevalets, de manière à maintenir ces chevalets dans un plan vertical et à empêcher leur déversement. Ces poutrelles portent le nom de *poutrelles à griffes.*

Le matériel autrichien comprend encore, outre les grandes poutrelles de pontage, qui ont 6^m,64 de longueur, des petites poutrelles également armées de griffes (fig. 71), de même équarrissage que les grandes, mais dont la longueur est déterminée par la largeur supérieure des pontons, de manière qu'en posant la poutrelle transversalement sur un ponton, les entailles en-dessous, les griffes emboîtent exactement les deux plats-bords. Ces petites poutrelles sont employées pour équiper les pontons, lorsqu'on s'en sert comme supports de ponts. On place, dans ce cas, sur le ponton, deux petites poutrelles, l'une en amont, l'autre en aval de l'axe du pont; et on établit sur ces poutrelles un corps mort sur lequel se croisent les poutrelles de pontage. On se sert également des petites poutrelles pour équiper les pontons des portières qui servent à la construction des ponts de chevalets.

Enfin le matériel est complété par des madriers de pontage (fig. 72) et des demi-madriers (fig. 73). Ces derniers servent pour achever le tablier dans les endroits où l'on ne pourrait placer un madrier ordinaire. Les pieds de chevalets sont employés comme poutrelles de guindage.

Ce guindage se fait d'ailleurs, soit par la méthode ordinaire, au moyen de billots ou de clameaux, soit par un procédé particulier, qui consiste à poser de champ, contre les bouts des madriers de pontage, un demi-madrier qu'on brêle avec les poutrelles, comme l'indique la fig. 74. Ce dernier mode de guindage présente le double avantage de maintenir les madriers d'une manière invariable, en les encastrant à leurs extrémités, et de laisser à la voie du pont une largeur presque égale à la longueur des madriers.

Les ponts de pontons autrichiens se construisent d'une manière analogue aux ponts de bateaux ordinaires, avec cette différence, toutefois, que les poutrelles de pontage, au lieu de reposer directement sur les plats-bords du ponton, comme dans l'équipage de ponts français, embrassent au moyen de leurs griffes un corps mort établi longitudinalement sur le ponton et porté sur deux ou sur trois petites poutrelles comme on l'a indiqué ci-dessus. Les pontons sont d'ailleurs composés de deux, de trois, ou d'un plus grand nombre de pièces, suivant la largeur du tablier, dont un bec pour l'avant, et généralement un bec pour l'arrière quand le système est formé de trois pièces au moins. Les pontons sont maintenus en place, suivant leur position, la force du courant ou celle du vent, par des lignes amarrées à terre, par des ancres d'amont et d'aval, par des croisières simples ou doubles, enfin par des cinquenelles tendues en amont et même quelquefois en aval.

Quant aux chevalets à la Birago, on les met en place à l'aide d'une portière formée de deux pontons accouplés, sur laquelle on assemble le chevalet horizontalement; puis on le dresse pour le mettre à l'eau, en maintenant le chapeau à la hauteur qu'il doit occuper, et en enfonçant successivement les pieds jusqu'à ce qu'ils touchent le fond. Il est nécessaire d'observer exactement, dans la mise en place des chevalets successifs, l'écartement déterminé par la longueur des poutrelles à griffes, afin que chaque chevalet se trouve placé dans un plan vertical et ne se déverse pas en avant ou en arrière. Enfin on munit ordinairement les ponts autrichiens, de chaque côté du tablier, d'un garde-fou formé d'un cordage attaché soit à la partie supérieure des pieds des chevalets, soit, dans les ponts de pontons, à des chandeliers fixés verticalement au-dessus de chaque ponton; cette précaution est bien entendue pour prévenir les accidents.

CONSTRUCTION IMPROVISÉE D'UN PONT DE CHEVALETS À LA BIRAGO AVEC DES MATÉRIAUX TROUVÉS SUR PLACE. Le système de ponts dont on vient de donner la description succincte demande une trop grande précision et exige trop de ferrures pour pouvoir être construit sur place au moment du besoin; mais il est possible, en simplifiant quelques-unes de ses dispositions, tout en lui conservant d'ailleurs ses principales propriétés, d'improviser, avec des bois qu'on trouve ordinairement dans la plupart des localités, un matériel susceptible de rendre une partie des services qu'on peut attendre d'un semblable équipage de pont. Les caractères distinctifs de ce système, en effet, sont, d'une part, l'assemblage à coulisse des pieds du chevalet avec le chapeau, qui permet de faire varier la hauteur de ces pieds suivant la profondeur d'eau dans laquelle on opère, et, d'autre part, l'emploi des poutrelles à griffes, qui donne le moyen de réduire à deux le nombre des points d'appui du chevalet sur le sol. et de simplifier, par suite, d'une manière notable, l'organisation de ce chevalet. Or ces deux propriétés peuvent s'obtenir facilement par des dispositions fort simples, et qui n'exigent, pour leur exécution, ni ferrures, ni précision d'assemblage, ni pièces de bois de grandeur ou d'équarrissage trop considérable.

En ce qui concerne d'abord le chapeau du chevalet, on peut le former de deux pièces moisées dans lesquelles on ménagera des mortaises pour le passage des pieds, et qui seront maintenues l'une contre l'autre par des boulons ou par des chevilles, ou même par des cordes. Les pieds, formés de poutrelles équarries seulement dans leur partie supérieure, seront fixés dans les mortaises par des chevilles ou par des clameaux, ou seulement brêlés au chapeau, et les chaînes de suspension seront remplacées par des cordages. Les semelles des pieds pourront être construites très-simplement, et il sera même possible d'y suppléer par deux bouts de poutrelles moisés sur les pieds. Enfin on établira facilement des poutrelles à griffes, soit en remplaçant l'échantignolle du modèle autrichien par deux taquets, soit en ménageant l'entaille dans l'épaisseur même du bois, soit enfin en fixant à chacune des extrémités de la poutrelle une cheville en bois dur faisant saillie sur la face inférieure, et qui sera arrêtée contre la face antérieure du chapeau du chevalet.

Quelles que soient d'ailleurs les dispositions de détail que l'on adopte dans la construction des chevalets et des poutrelles, il faut avoir soin que les diverses parties de ce matériel improvisé présentent des garanties de solidité suffisantes, et que les simplifications que l'on jugera devoir apporter aux dispositions du système autrichien ne compromettent pas la stabilité du pont, laquelle repose essentiellement sur les griffes des poutrelles, qui rendent toutes les travées solidaires l'une de l'autre.

MANŒUVRES DE CONSTRUCTION D'UN PONT À LA BIRAGO. La portière dont on fait usage pour mettre à l'eau les chevalets est formée de deux pontons ou de deux barques placées parallèlement l'une à l'autre à 1^m,50 ou 2^m,00 environ de distance, et dont les bordages sont reliés par cinq poutrelles à griffes. L'une de ces poutrelles est posée transversalement, de manière à correspondre à l'axe du pont quand la portière est dans sa position de manœuvre, une griffe embrassant le platbord du côté de la rive de départ; deux autres poutrelles sont établies, de la même manière, à droite et à gauche, à 1^m,60 environ de la première; enfin les deux dernières poutrelles, dites *poutrelles de manœuvre*, sont disposées en dedans et à peu de distance des deux extrêmes, et forment, du côté de la portière qui doit faire face à la rive de départ, une saillie d'environ 0^{m}85, destinée à porter les chapeaux des chevalets que l'on veut assembler et mettre à l'eau. Une commande est fixée à l'extrémité en saillie de chacune de ces poutrelles.

Les objets nécessaires pour la manœuvre sont :

Quatre masses;

Douze coins de manœuvre;

Quatre rames;

Quatre gaffes;

Deux écopes;

Quatre lignes ou grandes amarres, pour diriger les mouvements de la portière;

Deux billots;

Deux madriers;

Dix commandes ordinaires.

Tous ces objets doivent être déposés dans les deux pontons formant la portière de manœuvre.

Le détachement chargé de la construction du pont comprend :

1° Un officier, qui fait les commandements et surveille l'ensemble du travail;

2° Deux sous-officiers : l'un, placé dans le ponton n° 1 (1), est chargé de faire assembler et mettre à l'eau les chevalets; l'autre, sur la rive, dirige le transport et l'arrivée des matériaux, ainsi que la construction du tablier et l'établissement du guindage;

3° Quarante-six hommes, embrigadés comme il suit :

1re brigade : quatorze hommes.

Huit hommes dans le ponton n° 1, numérotés de 1 à 8, et six hommes dans le ponton n° 2, numérotés de 1 à 6.. 14 hommes.

Cette brigade fait marcher la portière de manœuvre, reçoit les pièces destinées à former les chevalets, assemble successivement les chevalets et les met à l'eau.

2e brigade : dix hommes numérotés de 1 à 10..... 10

Ces hommes apportent à la 1re brigade les chapeaux, les pieds et les semelles des chevalets, ainsi que les poutrelles du tablier.

3e brigade, dite *des servants :* seize hommes pour apporter les madriers et les objet snécessaires au brêlage. 16

4e brigade : six hommes.

Deux couvreurs pour former le tablier, et quatre brêleurs pour *idem*.............................. 6

Les n°° 1 et 2 reçoivent et placent les madriers; les quatre autres font le brêlage, deux en amont, et deux en aval du tablier.

TOTAL.......... 46 hommes.

(1) On désigne ainsi celui des deux pontons qui est le plus rapproché de la rive de départ.

Les manœuvres s'exécutent aux commandements suivants, dont le premier n'est d'ailleurs fait qu'une fois lors du commencement du travail:

1° À VOS POSTES.

La 1ʳᵉ brigade se porte sur la portière de manœuvre : huit hommes, numérotés de 1 à 8, dans le ponton n° 1, et six hommes, numérotés de 1 à 6, dans le ponton n° 2 ; ils se placent de telle sorte que, la portière étant parallèle à la rive et disposée convenablement pour la manœuvre, ils se trouvent, dans l'ordre naturel de leurs numéros, d'amont en aval. Dans chaque ponton, les nᵒˢ 1 et 6 prennent une gaffe; les nᵒˢ 2 et 5, une rame; les nᵒˢ 7 et 8 du ponton n° 1 fixent, à l'avant et à l'arrière de ce ponton, deux longues amarres, qu'ils vont ensuite attacher à deux piquets plantés sur la rive à seize pas environ de l'amont et de l'aval du corps mort, afin de diriger les mouvements de la portière en tirant ou en filant sur les amarres, suivant les cas.

La 2ᵉ brigade se rend au dépôt des matériaux, et s'y place sur deux rangs, faisant face à la rive.

La 3ᵉ brigade se porte également au dépôt des matériaux, et s'y place de la même manière.

La 4ᵉ brigade se tient près de la tête du pont à construire, un couvreur et deux brêleurs en amont, un couvreur et deux brêleurs en aval, munis des objets nécessaires pour brêler.

2° PLACEZ LA PORTIÈRE.

Dans chaque ponton, les nᵒˢ 1 et 2, 5 et 6, font marcher la portière pour venir la placer devant le corps mort, parallèlement et le plus près possible du bord. Les nᵒˢ 7 et 8, descendus sur la rive, aident au mouvement et fixent les amarres dès que la portière est convenablement placée.

3° APPORTEZ LE CHEVALET.

Les nᵒˢ 1, 2, 3 et 4 de la 2ᵉ brigade apportent le chapeau du chevalet; les nᵒˢ 5 et 6 portent les pieds de la coulisse d'amont; les nᵒˢ 7 et 8 ceux de la coulisse d'aval, en ayant soin de tenir le haut des pieds en avant; les n°s 9 et 10 portent chacun une semelle et une chaîne ou une corde de suspension. Tous se mettent en marche au commandement et arrivent à la tête du pont. Les n°s 1, 2, 5 et 6 de la 1re brigade (ponton n° 1) déposent alors leurs agrès de navigation.

4° ASSEMBLEZ LE CHEVALET.

Les n°s 2 et 3, 4 et 5 de la 1re brigade, placés dans le ponton n° 1, comme il a été dit plus haut, reçoivent, les deux premiers, le bout d'amont, et les deux autres, le bout d'aval du chapeau, et ils posent ce chapeau sur les poutrelles de manœuvre, de manière que la face qui doit être en-dessus, lorsque le chevalet sera dressé, se trouve verticale et tournée vers la portière, et que les deux extrémités du chapeau dépassent d'une quantité égale les poutrelles de manœuvre.

Les n°s 3 et 4 passent les commandes, attachées aux extrémités des poutrelles de manœuvre, par-dessus le chapeau, et amarrent le bout libre de ces commandes aux poutrelles.

Les n°s 2 et 3 reçoivent les pieds de la coulisse d'amont; les n°s 4 et 5, ceux de la coulisse d'aval; ils les introduisent respectivement dans la coulisse correspondante par le sabot ou par l'extrémité inférieure du pied, mais seulement sur une longueur telle que les pieds ne touchent pas l'eau quand le chevalet sera dressé verticalement.

Le n° 1 reçoit la semelle d'amont; le n° 6, celle d'aval. (Les hommes de la 2e brigade, étant alors déchargés, se rendent au dépôt des poutrelles.) Le n° 1 place, s'il est nécessaire, un coin du côté intérieur des pieds dans le jeu de la coulisse d'amont, prend une écope, et mouille les pieds et la coulisse.

Le n° 6 fait la même opération aux pieds d'aval.

Le n° 2 met la semelle aux pieds d'amont, la pointe de cette semelle tournée en amont.

Le n° 5 met également la semelle aux pieds d'aval, la pointe tournée en aval.

Les nᵒˢ 3 et 4 coiffent les pieds avec la chaîne de suspension ou avec la corde qui en tient lieu, et attachent, par-dessus cette chaîne ou cette corde, une commande dont ils passent le bout libre dans le dernier anneau de la chaîne ou dans une boucle qui doit terminer la corde; ils sont aidés dans ce travail par les nᵒˢ 3 et 4 de la demi-brigade du ponton n° 2.

5° DRESSEZ LE CHEVALET. — AUX POUTRELLES.

Les nᵒˢ 1 et 6 saisissent, chacun de leur côté, la tête du chapeau, et ensuite les pieds près de la semelle.

Les nᵒˢ 2 et 5 saisissent les pieds près de leur extrémité supérieure, et tiennent en même temps les chaînes ou les cordes de suspension.

Agissant alors ensemble, ils dressent le chevalet verticalement, aidés dans ce travail par les numéros 2, 3, 4 et 5 du ponton n° 2.

Pendant que cette opération s'exécute, les dix hommes de la 2ᵉ brigade, au commandement *aux poutrelles*, qui doit se faire en même temps que le précédent, ont chargé cinq poutrelles à griffes et les ont apportées près de la culée ou à l'extrémité de la travée déjà faite. Chaque couple d'hommes porte une poutrelle, les griffes en dessus, le numéro impair sur l'épaule droite et le numéro pair sur l'épaule gauche.

6° PLACEZ LES POUTRELLES.

Le sous-officier, placé vers le milieu du ponton n° 1, engage la griffe de la poutrelle du milieu sur le chapeau; les nᵒˢ 1 et 2 de la 1ʳᵉ brigade placent les griffes des deux poutrelles d'amont; les nᵒˢ 5 et 6, celles des poutrelles d'aval. (Les poutrelles se placent alternativement en amont et en aval des précédentes, comme dans les ponts ordinaires.)

Les nᵒˢ 3 et 4 des deux sections de la 1ʳᵉ brigade maintiennent le chevalet verticalement, en montant sur les poutrelles extrêmes de la portière.

7° AU LARGE.

Les nᵒˢ 1 et 6, armés de gaffes, et les nᵒˢ 2 et 5, armés de rames, dans les deux pontons, aident à la manœuvre de la portière, quand cela est nécessaire.

Les n°s 3 et 4 des deux pontons continuent à maintenir le chevalet verticalement.

Les n°s 7 et 8 de la 1re brigade, demeurés sur la rive, détachent leurs lignes, et laissent filer la portière.

Les dix hommes de la 2e brigade soulèvent alors leurs poutrelles par le bout et poussent la portière parallèlement au dernier corps de support, jusqu'à ce qu'ils puissent engager tout ensemble les griffes de ces poutrelles sur ce support.

8° HALTE.

Ce commandement est fait à l'instant où les griffes arrivent à hauteur du dernier corps de support; les hommes de la 2e brigade engagent alors ces griffes comme il vient d'être dit.

Les n°s 1, 2, 5 et 6, dans le premier ponton, déposent leurs agrès de navigation; les n°s 7 et 8 de la même brigade, sur la rive, mettent toute leur attention à maintenir la portière dans la position voulue, et amarrent leurs lignes aux piquets par un nœud de batelier.

Les n°s 1 et 6, dans le deuxième ponton, toujours armés de leurs gaffes, continuent à maintenir la portière dans la position convenable.

9° POSEZ — LES PIEDS.

Ce commandement est fait en laissant un intervalle entre *posez* et *les pieds*.

Au commandement *posez* :

Dans le premier ponton, le n° 1 se place en amont, et le n° 2 en aval de la poutrelle de manœuvre du côté d'amont; ils ont chacun un pied sur la poutrelle de manœuvre, l'autre sur la poutrelle voisine; le n° 3 se tient en aval de la même poutrelle, ses deux pieds sur le chapeau.

Le n° 1 ôte les coins de la coulisse du chapeau, aidé par le n° 3, qui soulève les pieds et jette ces coins dans le ponton. Le n° 2 saisit la chaîne ou la corde de suspension et la commande.

Les n°s 4, 5 et 6 prennent, en aval du ponton n° 1, les positions symétriques à celles des n°s 3, 2 et 1, et exécutent respectivement les mêmes opérations.

Au commandement *les pieds :*

Tous agissent ensemble, les n°s 1 et 6 en embrassant les pieds au-dessous du chapeau pour les faire descendre, les n°s 2 et 5 en tirant sur les commandes et sur les chaînes, les n°s 3 et 4 en embrassant les pieds au-dessus du chapeau et les maintenant dans la direction voulue ; dans ce but, le n° 3 attire à lui le haut du pied pour contre-balancer l'effet du courant ; le n° 4, au contraire, repousse le haut du pied en aval.

Quand les pieds ont atteint le fond, les n°s 2 et 5 retirent le bout de la commande de la dernière maille de la chaîne ou de la corde de suspension, passent cette chaîne ou cette corde dans l'anneau de suspension que porte le chapeau, ou, à défaut d'anneau, l'enroulent autour du chapeau et la tendent. A ce moment, les n°s 3 et 4, qui ont continué à maintenir les pieds, enlèvent tout à fait les commandes, reçoivent chacun une masse respectivement des n°s 1 et 6, et frappent sur le sommet des pieds jusqu'au refus, alternativement sur l'un et sur l'autre. Ce résultat obtenu, les n°s 2 et 5 fixent définitivement la chaîne ou la corde de suspension.

10° AUX MADRIERS. — DÉGAGEZ LA PORTIÈRE.

La 3e brigade apporte les madriers et les remet aux deux couvreurs de la 4e brigade, qui les posent pour former le tablier du pont. Les n°s 3 et 4 du ponton n° 1 détachent les commandes qui fixent le chapeau du chevalet sur les poutrelles de manœuvre. Les n°s 3 et 4 du ponton n° 2 débrêlent les bouts des poutrelles de manœuvre. Les n°s 1 et 6 entourent l'extrémité du chapeau du chevalet qui vient d'être posé avec une commande fixée par un crochet à la poutrelle extrême de leur côté. Au commandement *dégagez la portière*, ils filent sur cette commande autant qu'il est nécessaire ; ensuite, ils en remettent le bout libre aux deux couvreurs, quand ceux-ci sont arrivés près du chapeau du chevalet.

Cela fait, les n°s 2 et 3, 4 et 5 du ponton n° 1 poussent la portière au large; dans le 2ᵉ ponton, les n°s 2 et 3 soulèvent la poutrelle de manœuvre d'amont, et les n°s 4 et 5, celle d'aval, jusqu'à ce que ces poutrelles soient dégagées de dessous le chapeau posé. Ils reposent ensuite ces poutrelles sur le plat-bord, et les n°s 3 et 4 les brêlent de nouveau.

La manœuvre se continue alors de la même manière pour le placement successif des chevalets, en reprenant les opérations qui viennent d'être décrites à partir du 3ᵉ commandement : *apportez le chevalet.*

REPLIEMENT DU PONT. Pour le repliement du pont, la portière de manœuvre qui a servi à la construction est remplacée par un seul ponton ou une seule barque; les n°s 1, 2, 3, 4, 5, 6 de la 1ʳᵉ brigade, qui se trouvaient dans le ponton n° 1, se placent dans le ponton unique suivant l'ordre de leurs numéros; les six hommes de la même brigade qui se trouvaient dans le ponton n° 2 viennent se réunir à la 3ᵉ brigade dite *des servants.* On commande successivement :

1° REPLIEZ LE PONT.

La portière de manœuvre est ramenée et amarrée à des piquets par les n°s 7 et 8 qui appartiennent au ponton n° 1. Les n°s 1, 2, 3, 4, 5, 6, qui se trouvent dans le ponton n° 1, vont se placer dans le ponton préparé pour le repliement, et conduisent ce ponton vers l'extrémité du pont où doit commencer le travail.

Les six hommes du ponton n° 2 de la portière de manœuvre vont se réunir à la brigade des servants.

La 4ᵉ brigade (couvreurs et brêleurs) se porte sur le tablier du pont, à l'extrémité par laquelle doit commencer le repliement.

La 3ᵉ brigade (servants) se place derrière la 4ᵉ (sur un rang à la droite du pont), prête à recevoir les madriers.

La 2ᵉ brigade se tient près de l'entrée du pont, ou, plus généralement, vers l'extrémité qui doit être repliée la dernière.

2° DÉGUINDEZ.

Les brêleurs (4° brigade) délient les brêlages de la travée, et remettent les pièces de guindage aux servants, qui les enlèvent.

3° LES MADRIERS EN RETRAITE.

Les couvreurs (4° brigade) faisant face aux servants remettent à ceux-ci les madriers qu'ils enlèvent jusqu'à ce qu'ils aient découvert entièrement les griffes des poutrelles sur le chevalet vers lequel on marche.

Pendant qu'on enlève les madriers, la 1re brigade, placée dans le ponton, conduit ce ponton sous le tablier du pont et contre la rive par laquelle commence le repliement, le plus près possible de la culée, les hommes disposés suivant l'ordre de leurs numéros d'amont en aval.

Dès que tous les madriers sont enlevés, la 2e brigade vient se placer à l'extrémité du tablier, sur deux rangs parallèles au chapeau, les n°s 1, 2, 3, 4, 5, sur le premier rang le plus près du chapeau; les n°s 6, 7, 8, 9, 10, sur le second rang; dans chaque rang, les hommes suivant leurs numéros d'amont en aval.

4° SOULEVEZ LES POUTRELLES.

Le sous-officier placé au milieu du ponton soulève et désemboîte la poutrelle du milieu; les n°s 2 et 3 de la 1re brigade soulèvent et désemboîtent les deux poutrelles d'amont; les n°s 4 et 5 de la même brigade, les deux poutrelles d'aval.

En même temps, les n°s 1, 2, 3, 4, 5 de la 2e brigade soulèvent et désemboîtent chacun la poutrelle qui est devant lui.

Les poutrelles extrêmes d'amont et d'aval sont posées à plat, la griffe tournée vers le milieu du pont. Les trois poutrelles intermédiaires sont posées sur le plat-bord intérieur du ponton, de manière à pouvoir ramener celui-ci vers le chevalet suivant.

5° EN RETRAITE. — MARCHE.

Les n°s 1, 2, 3, 4, 5 de la 2e brigade, aidés respectivement par les n°s 6, 7, 8, 9, 10, placés derrière eux, tirent sur les poutrelles; dès que le ponton est suffisamment rapproché du chevalet, ils enlèvent ces poutrelles, et, deux à deux, les emportent au dépôt du matériel.

La manœuvre du ponton est facilitée par les n°s 7 et 8 de la 1re demi-brigade, lesquels, placés à l'extrémité du tablier, l'un en amont et l'autre en aval, tirent sur le ponton à l'aide de lignes qu'ils ont fixées à ses deux becs.

6° DÉGUINDEZ.

Les brêleurs défont le brêlage de l'avant-dernière travée.

7° LES MADRIERS EN RETRAITE.

Les deux couvreurs (4e brigade) faisant face aux servants leur remettent les madriers qu'ils enlèvent jusqu'à ce qu'ils aient découvert entièrement les griffes des poutrelles sur le chevalet vers lequel ils marchent.

Pendant ce temps, la 1re brigade, qui est dans le ponton, conduit ce ponton sous le tablier de la travée à replier, et le dispose intérieurement contre le chevalet à ramener, les hommes toujours placés dans le ponton suivant l'ordre de leurs numéros d'amont en aval, de 1 à 6, le sous-officier au milieu.

Les hommes de la 2e brigade, aussitôt que les madriers sont enlevés, viennent se ranger à l'extrémité du tablier, sur deux rangs parallèles au chapeau du chevalet qui est devant eux, les n°s 1, 2, 3, 4 et 5 au 1er rang d'amont en aval, et les n°s 6, 7, 8, 9 et 10 respectivement derrière les premiers.

8° SOULEVEZ LES POUTRELLES.

Le sous-officier, au milieu du ponton, soulève et désemboîte la poutrelle centrale; les n°s 2 et 3 de la 1re brigade soulèvent et désemboîtent les deux poutrelles d'amont ; les n°° 4 et 5 de la même brigade, les poutrelles d'aval.

Les n°° 1, 2, 3, 4 et 5 de la 2° brigade soulèvent et désemboîtent en même temps les cinq poutrelles placées respectivement devant eux. Les deux poutrelles extrêmes en amont et en aval sont posées à plat, leurs griffes tournées vers le milieu du pont, et ensuite glissées sous le chapeau du chevalet à ramener par les n°° 2 et 5 de la 1°° brigade et 1 et 5 de la 2° brigade.

Les poutrelles intermédiaires sont posées sur le plat-bord intérieur du ponton de manière à pouvoir ramener celui-ci parallèlement au chevalet suivant.

Les n°° 7 et 8 de la 1°° brigade, placés à l'extrémité du tablier, en amont et en aval, se tiennent prêts à tirer sur le ponton avec des lignes qu'ils ont fixées aux deux becs de ce ponton.

<h3 style="text-align:center">9° EN RETRAITE.</h3>

La 1°° brigade renverse le plus promptement possible le chevalet sur les deux poutrelles extrêmes, les n°° 1 et 6 saisissant respectivement les pieds d'amont et d'aval, les n°° 3 et 4 prenant le chapeau par son milieu.

<h3 style="text-align:center">10° MARCHE.</h3>

Les n°° 7 et 8 de la 1°° brigade tirent sur leurs lignes ; les n°° 1, 2, 3, 4 et 5 de la 2° brigade attirent les poutrelles, aidés respectivement par les n°° 6, 7, 8, 9 et 10 de la même brigade.

Quand le ponton est suffisamment rapproché du dernier chevalet fixe, les n°° 2-7, 3-8, 4-9 de la 2° brigade enlèvent les trois poutrelles du milieu et les remettent aux servants, qui les emportent, à raison de deux servants par poutrelle.

Ensuite les n°° 2 et 7 de la 2° brigade attirent les pieds d'amont du chevalet renversé, aidés par les n°° 2 et 3 de la 1°° brigade, qui retirent la chaîne de suspension et la semelle, et jettent ces objets dans le ponton.

Les n°s 2 et 7 de la 2e brigade emportent les pieds d'amont. Même opération, en même temps, pour les pieds d'aval, par les n°s 4 et 9 de la 2e brigade et 4 et 5 de la 1re.

Dès que les pieds sont enlevés, les n°s 1 et 6, 5 et 10 de la 2e brigade, aidés par la 1re brigade, attirent le chapeau et l'emportent.

Enfin les n°s 3 et 8 de la 2e brigade reçoivent chacun une semelle et une chaîne, qu'ils emportent également.

Le repliement se continue ensuite de la même manière.

On a essayé aussi de placer les chevalets à la Birago en employant des longuerines d'une manière analogue à celle qui a été décrite à la 4e leçon pour les chevalets ordinaires; mais on n'a pas encore trouvé, jusqu'à présent, pour l'exécution de cette manœuvre, des procédés suffisamment simples et commodes pour pouvoir être considérés comme classiques.

7ᵉ LEÇON.

PONTS SUR PILOTIS.
Pl. XIV.

Les ponts de chevalets, ainsi que les diverses espèces de ponts à supports flottants dont il a été question dans la 5ᵉ et dans la 6ᵉ leçon, sont, dans la plupart des cas, d'une construction assez prompte, et peuvent souvent être établis presque en présence de l'ennemi, avec des agrès et des matériaux que l'on trouve ordinairement sur les lieux mêmes. Il n'en est pas de même des ponts sur pilotis, dont la principale destination est de créer des communications sûres et permanentes sur les derrières des armées. Ces ponts, qui sont plus stables et plus solides que les autres ponts militaires, peuvent d'ailleurs être construits sur presque tous les cours d'eau, pourvu, toutefois, que la profondeur d'eau ne soit pas trop considérable, et que le lit de la rivière ne soit pas un terrain de roc. Mais, d'un autre côté, ils exigent pour leur établissement un temps assez long, des bois de grandes dimensions et l'emploi de sonnettes qui constituent un matériel lourd et encombrant à transporter.

On nomme *palée*, dans un pont sur pilotis, le système de trois, de quatre ou de cinq *pilots* enfoncés verticalement sur une même ligne parallèle à la direction du courant, et qui sont coiffés d'un *chapeau* horizontal, assemblé dans la tête des pilots à tenon et mortaise, ou fixé simplement à ces pilots par le moyen de clameaux. Les palées sont ordinairement espacées de 4ᵐ,oo à 5ᵐ,oo au moins; mais il est préférable d'augmenter cet espacement, quand on peut se procurer des poutrelles de tablier ou *longuerines* de longueur et de force suffisantes.

Pour établir un pont sur pilotis, on commence, comme pour les

12.

autres ponts, par déterminer la direction de l'axe du passage ; puis on fixe l'espacement à donner aux palées, le nombre et la hauteur des pilots qui doivent les former, et on établit la culée sur la rive de départ, suivant ce qui a été indiqué à la 3ᵉ leçon. Le travail comprend alors deux opérations principales : *l'établissement des palées* et *le placement du tablier.*

Établissement d'une palée. L'enfoncement des pilots s'exécute ordinairement à l'aide d'une sonnette à tiraudes. (Voir la 1ʳᵉ leçon.) Cette sonnette s'établit sur une plate-forme supportée par des chevalets, quand la hauteur de l'eau le permet ; mais, dans le cas où la rivière est trop profonde, on installe la sonnette soit sur un radeau recouvert d'un plancher, soit sur un grand bateau ponté ou sur une espèce de portière formée de deux bateaux assemblés, et maintenue en place par des ancres ou par des amarres. Dans l'un et dans l'autre cas, on est obligé de déplacer la sonnette pour battre successivement les différents pilots d'une palée ; mais, dans le cas d'un échafaudage flottant, la sonnette est fixée sur le système d'une manière invariable, et on déplace chaque fois l'ensemble de l'échafaudage.

La sonnette doit être disposée de manière que la sole affleure la ligne contre laquelle doit se faire le battage. La semelle est ordinairement brêlée à l'une des poutrelles du tablier du support ; on peut aussi maintenir la sonnette au moyen de deux haubans attachés à son chapeau et amarrés à des points fixes.

Pour équiper la sonnette, on engage le câble dans la grande roue ; on place le mouton sur la sole et on ôte les tenons ; on fixe à l'anse du mouton le bout du câble qui pend en-dehors des jumelles ; on passe l'autre extrémité de ce câble dans les œillets des tiraudes, ou dans une couronne de cordages à laquelle les tiraudes sont attachées, et on remonte ces œillets le long du câble jusqu'à la grande roue ; on les arrête alors à cette hauteur au moyen d'un nœud formé avec le câble. (Voir la fig. 21.) On agit sur les tiraudes pour élever le mouton et l'amener contre la face antérieure des jumelles; on remet les tenons et leurs clavettes, et on élève le mouton jusqu'à ce qu'il puisse être supporté par la cheville en fer qui est destinée à le maintenir au repos.

On dresse le pilot à battre au moyen d'un cordage passé sur la petite roue de la sonnette. Ce cordage est amarré à peu près au tiers de la longueur du pilot à partir de la tête. Le pilot ainsi suspendu est conduit contre les jumelles et disposé verticalement à la place qu'il doit occuper, vis-à-vis du milieu de la coulisse; on détache alors la corde qui a servi à le soulever. On abaisse le mouton sur la tête du pilot pour le maintenir, et on assure la position de ce pilot au moyen d'une corde, qui embrasse le pilot et les deux jumelles de la sonnette, et que l'on serre au moyen d'un billot ou d'un levier brêlé solidement.

Pour le battage du pilot, on place un homme à chaque tiraude, et, afin de mettre de l'ensemble dans la manœuvre, l'un d'eux est chargé de héler pour le tirage. On opère par volées de trente coups consécutifs, et on fait reposer les hommes après chaque volée pendant une minute ou une demi-minute environ.

On bat généralement les pilots jusqu'au refus, c'est-à-dire jusqu'à ce qu'ils ne s'enfoncent plus que de 4 à 5 millimètres à peu près par volée. Cependant il n'est pas toujours nécessaire d'obtenir un enfoncement aussi considérable, et la hauteur de fiche doit dépendre tant des charges que le pilot aura à supporter que de la nature plus ou moins compacte et résistante du terrain.

Dans le cas où la sonnette est établie sur une plate-forme supportée par des chevalets, le battage des pilots de chaque travée est conduit de la manière suivante (fig. 75) : Pl. XIV, fig. 75.

1° Placer un chevalet dans la direction du pont (comme s'il s'agissait de construire un pont de chevalets ordinaire), à 0^m,50 au moins en avant et parallèlement à l'emplacement de la palée à construire, et établir, à l'aide de ce chevalet et de la culée, ou de la palée déjà faite, un tablier de service, en ayant soin que les poutrelles et les madriers de ce tablier laissent libre l'emplacement que doit occuper chacun des

pilots de la travée à construire. (Cette palée, dans la fig. 75 est sup-
posée de quatre pilots, et placée à 3^m,50 de la précédente.)

2° Équiper la sonnette sur cette travée provisoire, et la placer de
manière que la sole arase le dernier madrier posé en deçà de la palée
à battre et se trouve d'équerre sur la direction de l'axe du pont, et
que, de plus, la coulisse corresponde à l'emplacement de l'un des pilots
intermédiaires de la palée. Glisser alors deux madriers entre le patin
et le tablier, et fixer la sonnette dans cette position comme il a été dit
plus haut.

3° Battre le premier pilot, puis déplacer la sonnette en la faisant
glisser parallèlement à elle-même au moyen de leviers, jusqu'à ce que
la coulisse corresponde à la position du pilot voisin, que l'on dispose
et que l'on bat comme le premier.

4° Prolonger le tablier de service successivement à droite et à
gauche, pour y établir la sonnette, de manière à pouvoir battre les
pilots extrêmes, et, à cet effet, disposer sur chaque côté un ou deux
chevalets, le chapeau parallèle à l'axe du pont. Placer alors successivement la sonnette à droite et à gauche, et battre les pilots extrêmes.

5° Démonter la sonnette, ainsi que le tablier de service des côtés.
(On peut aussi ramener la sonnette sur la rive ou sur la partie du pont
achevée, en la faisant glisser sur des rouleaux.)

Quand la sonnette sera établie sur un radeau, les poutrelles destinées à supporter la plate-forme devront dépasser de 0^m,15 la face extérieure de l'arbre le long duquel se fera le battage. Le milieu de la longueur des madriers de la plate-forme correspondra à la poutrelle centrale, et les madriers extrêmes araseront les bouts des poutrelles auxquelles ils seront cloués. La sonnette sera posée de telle sorte que le
milieu de la sole se trouve dans le plan vertical passant par le centre de
gravité du radeau; elle sera fixée dans cette position d'une manière
invariable, et, après l'enfoncement de chaque pilot, on fera monter
ou descendre tout le système, afin que la coulisse de la semelle corresponde successivement aux emplacements des pilots. Il sera, en outre,

presque toujours nécessaire de lester le côté du radeau opposé à la sonnette, pour empêcher les oscillations qui pourraient rendre le battage trop irrégulier.

Le radeau devra d'ailleurs être ancré ou amarré solidement en amont ou en aval.

Si la sonnette doit être supportée par un seul bateau, il faudra que ce bateau ait au moins 3 mètres de largeur. Le battage se fera parallèlement à l'un des bords; les poutrelles de la plate-forme dépasseront, comme pour le cas précédent, de $0^m,15$ le plat-bord du bateau du côté du battage. On prendra d'ailleurs les autres précautions ci-dessus indiquées pour assurer la fixité du bateau et prévenir les oscillations.

Enfin, lorsque la sonnette sera établie sur une portière de deux bateaux, le battage des pilots pourra se faire, soit entre les deux bateaux du côté de l'avant, soit par un des côtés extérieurs. Ces deux cas n'offrent aucune difficulté, moyennant l'observation des mesures précédemment indiquées.

RECEPAGE DES PILOTS ET POSE DU CHAPEAU. Quand tous les pilots d'une palée ont été enfoncés, on scie la tête de ces pilots à la hauteur convenable, et l'on fixe le chapeau sur ces pilots, soit à tenon et mortaise, les tenons étant pratiqués à la partie supérieure des pilots, soit simplement avec des clameaux ou des broches en fer.

Enfin on peut, si on le juge nécessaire pour consolider le système et établir plus de solidarité entre les pilots d'une palée, relier ces pilots par des moises, soit horizontales, soit inclinées, que l'on fixe avec des boulons ou au moyen de broches.

ÉTABLISSEMENT DU TABLIER. Aussitôt que la première palée est achevée, on place les poutrelles qui doivent supporter le tablier, de la même manière que dans les ponts de chevalets; puis on dispose les madriers et les guindages. Quelquefois, lorsque le pont doit avoir une certaine durée, on cloue les madriers sur les poutrelles, ce qui permet de supprimer les guindages.

Enfoncement des pilots à l'aide du mouton à bras. Lorsque le fond de la rivière n'offre pas une trop grande résistance et que le pont n'est pas destiné à recevoir des charges trop considérables, on peut suppléer à l'emploi d'une sonnette en faisant usage simplement du mouton à bras (fig. 19). Les hommes qui doivent manœuvrer le mouton sont alors placés sur une plate-forme mobile supportée par des bateaux ou par des radeaux, ou bien ils s'installent sur un tablier provisoire établi à l'aide de chevalets, comme il a été expliqué dans le cas de l'emploi de la sonnette. Quand la tête du pilot est plus élevée que la plate-forme, on place le mouton les bras tournés vers le bas, afin que les hommes puissent le soulever facilement; on retourne le mouton en sens inverse lorsque le pilot est déjà enfoncé d'une certaine quantité. Il faut avoir soin d'ailleurs, pendant le battage, de maintenir le pilot vertical au moyen d'amarres fixées solidement, soit au radeau, soit à la rive.

L'emploi du mouton à bras est beaucoup plus simple et plus expéditif que celui de la sonnette, et peut donner des résultats d'une solidité suffisante dans un grand nombre de circonstances.

8ᵉ LEÇON.

PONTS VOLANTS, TRAILLES ET BACS. Pl. XIV et XV.

PONTS VOLANTS. On désigne, en général, sous le nom de pont volant un système flottant retenu par un cordage qui l'empêche de dériver, et que l'on fait passer d'une rive à l'autre en présentant obliquement un de ses côtés au courant. Ce mode de passage ne peut être employé avantageusement que sur des rivières rapides. Pour que l'action du courant se fasse sentir de la manière la plus favorable, il faut que le long côté du pont volant sur lequel ce courant doit produire son impulsion, fasse avec la direction du courant un angle de 55° environ. Toutefois, cet angle ne doit pas rester invariable pendant toute la traversée, et il est nécessaire de l'augmenter au moment du départ, et de le diminuer au contraire à l'arrivée.

Le pont volant est ordinairement formé avec deux bateaux longs, étroits et assez profonds, dont les bords doivent avoir des parements à peu près verticaux, afin de donner plus de prise à l'effet du courant (fig. 76). On les réunit comme pour faire une portière, en les éloignant Pl. XIV, fig. 76. autant que possible l'un de l'autre, afin d'augmenter la surface du tablier et de donner plus de stabilité au système; cet écartement a, en outre, l'avantage de permettre au courant d'agir à la fois sur les deux longs côtés qui lui sont opposés. On recouvre les bateaux d'un tablier en madriers reposant sur des poutrelles et entouré d'un garde-fou. Sur l'un des bords du tablier, du côté de l'avant des bateaux, on établit une potence formée de deux montants et de deux traverses horizontales très-rapprochées l'une de l'autre et entre lesquelles se meut le *chat*, qui est percé d'un trou pour le passage du câble. Le câble est amarré sur l'arrière à un cabestan.

La longueur du cordage d'ancre doit être de une fois et demie à deux fois la largeur du cours d'eau. On le soutient au-dessus de l'eau, soit au moyen de bouées flottantes, soit avec de petites nacelles qui suivent son mouvement pendant le trajet d'une rive à l'autre.

L'ancre destinée à retenir le cordage est ordinairement jetée au milieu de la rivière. Cependant, si le fort du courant n'est pas au milieu de la largeur, il convient alors de rapprocher l'ancre de la rive qui est la plus éloignée du courant. Quelquefois même on amarre le câble sur l'une des rives, ou l'on emploie deux câbles amarrés chacun sur une rive. On peut encore, lorsque la largeur à traverser est considérable, établir deux ponts volants ordinaires qui viennent tous deux aboutir à une portière fixe ancrée solidement au milieu de la rivière.

On se sert du gouvernail de chaque bateau pour donner au système la direction la plus favorable au passage. Aux endroits où le pont doit aborder, on construit des culées ou débarcadères, établis sur bateaux, sur radeaux ou sur chevalets. Lorsque le pont approche des culées, on lui fait prendre peu à peu une position parallèle au bord de l'eau, en laissant aller les gouvernails, et, quand on a abordé, on amarre le pont à la culée.

TRAILLES. Une traille est une espèce de *pont volant*, qui, au lieu de pivoter autour d'un point fixe, traverse la rivière en glissant le long d'une corde tendue d'une rive à l'autre en forme de cinquenelle. Ce système, comme le précédent, ne peut s'établir que sur des cours d'eau rapides. Le cordage ne devant pas plonger dans l'eau, on est obligé de le tendre fortement, et, en outre, de l'exhausser sur des espèces de potences établies sur les rives, quand ces rives ne sont pas elles-mêmes très-élevées.

La traille se construit soit avec un système de deux bateaux, comme le pont volant, soit avec un seul bateau, soit enfin avec un radeau,

auquel on donne alors la forme d'un losange (fig. 77). La direction du Pl. XV, fig. 77.
long côté qui reçoit l'effort du courant doit former, suivant ce qui a
été dit pour le pont volant, un angle d'environ 55° avec la direction
du courant, pour que l'effet produit soit un maximum; on transporte
le point d'attache de la bride d'un côté à l'autre du système, suivant le
sens dans lequel on veut marcher. Cette bride glisse sur le cordage au
moyen d'une poulie dont l'armature doit être garnie de galets en bois
destinés à prévenir l'usure de la cinquenelle, en l'empêchant de frotter
sur les pièces fixes en fer ou en bois.

Bacs. On appelle *bac* un bateau plat de forme rectangulaire, que
l'on fait passer d'une rive à l'autre en halant sur un câble tendu en
travers de la rivière. On n'emploie ce système que sur des rivières dont
le courant n'est pas rapide. Le câble est peu élevé au-dessus de l'eau,
et peut même y plonger sans inconvénient.

Pour faciliter l'entrée et la sortie des chevaux ou des voitures, les
bacs doivent être peu profonds, avoir leurs becs en pente douce, et
porter de plus un tablier mobile qui se rabat sur la rive pour remplacer
les culées que l'on n'établit pas ordinairement dans ce cas.

Le bac est attaché à la cinquenelle au moyen de deux montants en
forme de fourches, qui sont ouverts dans leur partie supérieure pour
recevoir le câble, dont on peut d'ailleurs diminuer le frottement en
garnissant l'intérieur des fourches de poulies ou de petits galets cylindriques.

9ᴱ LEÇON.

DESTRUCTION DES PONTS.

PONTS EN PIERRE. On détruit les ponts en pierre à l'aide de la poudre par les procédés suivants :

Pl. XIV, fig. 78.
1° Si les piles du pont ont de $1^m,30$ à $1^m,60$ d'épaisseur (fig. 78), on établit, dans l'une de ces piles, ou dans plusieurs en même temps, deux fourneaux de 50 à 60 kilogrammes de poudre chacun, et on a soin de compasser les feux, en disposant le saucisson, ou même de simples traînées de poudre, sur une poutrelle ou sur un madrier que l'on fixe à la pile au moyen de crampons.

Pl. XIV, fig. 79.
2° Si la pile a de $2^m,00$ à $3^m,00$ d'épaisseur (fig. 79), on pratique dans son milieu, parallèlement à sa longueur, deux petits rameaux à l'extrémité desquels on établit des fourneaux de 150 à 200 kilogrammes.

3° Si l'on manque du temps nécessaire pour établir des fourneaux dans l'intérieur des piles, ce qui est ordinairement préférable, on peut se borner à détruire les voûtes. Le moyen le plus sûr pour obtenir ce résultat est de placer, le long de la clef de chaque voûte, des fourneaux établis sur l'extrados, et dont on calcule la charge, comme fourneaux surchargés, de manière que le diamètre de l'entonnoir soit triple de la ligne de moindre résistance mesurée du centre des poudres à l'intrados. En espaçant ces fourneaux d'une distance égale au diamètre de l'entonnoir ainsi calculé, et en les établissant en nombre suffisant, on peut être assuré de détruire toute la largeur de la voûte.

Les fourneaux étant ordinairement placés au fond de puits, sans bourrage, il convient de doubler la charge donnée par les formules. On augmentera d'ailleurs notablement l'effet produit en remblayant les puits ou en les recouvrant simplement de planches maintenues avec de fortes pierres.

Lorsqu'on est très-pressé, on peut se contenter de creuser, au-dessus de la clef de la voûte, une tranchée de $0^m,50$ de profondeur, dans laquelle on place de 150 à 200 kilogrammes de poudre, et que l'on recouvre de madriers et de terre.

On peut aussi creuser deux tranchées en croix (fig. 80) que l'on Pl. XIV, fig. 80. approfondit jusqu'à l'extrados, et dans chacune desquelles on dispose 75 à 100 kilogrammes de poudre, et que l'on recomble ensuite.

Ou bien encore on établit sous l'intrados de la voûte une masse de poudre de 300 à 400 kilogrammes, contenue dans des caisses ou dans des barils que l'on suspend au moyen de cordes et de poutrelles.

Au lieu de placer les fourneaux vers la clef de la voûte, on peut les disposer sur le côté, le long d'un des reins de cette voûte ; on pratique alors en même temps, de l'autre côté, une tranchée qu'on laisse vide, afin d'affaiblir la voûte et de faciliter l'effet de rupture des fourneaux.

Ponts en bois. Il y a trois manières de détruire les ponts en bois, savoir : *les démolir, les faire sauter* ou *les brûler.*

La démolition exige du temps ; cependant il est quelquefois possible de disposer à l'avance le plancher et d'assembler les bois de manière à pouvoir les enlever promptement au moment du besoin.

Pour faire sauter une travée de pont, on suspend au-dessous un baril de poudre de 100 kilogrammes, auquel on met le feu par un des procédés indiqués dans l'École de mines.

On peut encore détruire une travée de pont de chevalets ou de pilots au moyen d'un fourneau sous l'eau, disposé et calculé comme il est dit dans l'École de mines. (Voir le cahier de l'École de mines, 12ᵉ leçon, page 83.)

Pour brûler le pont, on goudronne les bois ; on perce à la tarière, dans les pièces principales, des trous que l'on remplit de goudron, et qu'on entoure de fascines et de bois secs goudronnés auxquels on met

13

le feu. S'il s'agit d'un pont sur pilots, on opère ainsi pour chaque pilot de la palée à détruire; puis on établit au pied de la palée un radeau que l'on y fixe par des clameaux ou par des liens en fil de fer; on le recouvre de vieilles planches, et on le charge d'un bûcher. Si ces dispositions sont bien ordonnées, deux heures doivent suffire pour les terminer, et un quart d'heure de feu doit mettre le pont hors de service. Les pilots se consument ensuite jusqu'au niveau de l'eau.

Pour arracher un pilot, on entoure sa tête avec une corde solidement brêlée, ou avec un anneau en fer en forme de collier armé de griffes intérieurement. On fixe à cette corde ou à ce collier l'extrémité d'une grosse poutre, que l'on dispose sur un chevalet de manière à pouvoir former levier; puis on arrache le pilot en soulevant l'extrémité de la poutre opposée et lui imprimant des oscillations de haut en bas. Pendant la manœuvre, un homme frappe horizontalement la tête du pilot dans différentes directions, de manière à l'ébranler.

Pl. XV, fig. 81. On emploie aussi, pour arracher les pilots, une espèce de cabestan à vis, comme l'indique la fig. 81. Ce cabestan peut être établi sur deux radeaux jointifs laissant entre eux l'espace nécessaire pour le passage du pilot, et présentant une surface assez grande pour ne pas s'enfoncer sous l'effort produit par la vis.

10ᵉ LEÇON.

RÉPARATION DES PONTS.

PONTS EN PIERRE. Si les piles du pont subsistent et que leur écartement soit trop considérable pour qu'on puisse jeter des longerons de l'une à l'autre, on établit des supports intermédiaires au moyen de chevalets reposant sur le fond de la rivière (fig. 82), ou portés sur des bateaux disposés à cet effet (fig. 83).

Dans ce dernier cas, les bateaux doivent être ancrés solidement et amarrés aux piles.

Lorsque les bords de l'arche présentent peu de solidité, on établit, des deux côtés du pont, deux fermes en bois ayant leur point d'appui sur la partie solide de la maçonnerie en arrière, et l'on dispose sur ces fermes des pièces transversales pour supporter les longerons et le tablier du pont (fig. 84).

Si les moyens ci-dessus ne peuvent être pratiqués et que l'arche détruite laisse jusqu'à $18^m,00$ ou $20^m,00$ de vide, on couche deux grands arbres de chaque côté, les gros bouts enterrés de $10^m,00$ à $12^m,00$ de longueur, et les petits bouts en saillie d'environ $6^m,00$ sur le vide de l'arche (fig. 85). On place en travers, sur les parties enterrées, des rondins jointifs que l'on charge d'une certaine épaisseur de terre et de décombres, puis on dispose près de l'extrémité des parties en saillie une ou deux traverses sur lesquelles on pose de nouveaux arbres pour achever de franchir le vide; ensuite on place le tablier nécessaire pour le passage.

PONTS EN BOIS. Les ponts en bois sur piles en pierre se réparent

13.

comme les ponts en pierre. Quant aux ponts sur pilots, dont les pilots sont brûlés ou coupés, on emploie les moyens suivants :

On se borne quelquefois à receper les pilots au même niveau et à pratiquer des tenons pour porter un nouveau chapeau. Ensuite on place le tablier du pont, qui se trouve alors plus bas qu'auparavant.

Mais, s'il est nécessaire de rétablir le pont à son premier niveau, on se sert du chapeau ainsi placé comme d'un faux chapeau, sur lequel on assemble trois montants de la hauteur convenable, et l'on couronne ceux-ci d'un nouveau chapeau, pour porter les poutrelles et le tablier du pont (fig. 86).

On peut aussi enter sur des pilots des bouts de pilots propres à porter le chapeau. L'enture se fait par entailles dans les deux bouts, et on la consolide par des frettes en fer ou par des cordes fortement brêlées, ou encore au moyen de madriers appliqués ou chevillés le long des pilots (fig. 87).

On se borne ordinairement, pour les premières réparations des ponts, à rétablir le tablier sur une largeur de 3^m,oo à 3^m,25, ce qui suffit pour le passage des voitures.

APPENDICE.

Ponts suspendus. Dans les pays de plaines, les rives des cours d'eau Pl. XVI et XVII étant généralement peu élevées, on peut jeter, selon les circonstances, des ponts de chevalets, de radeaux, de bateaux, etc. Mais il n'en est pas toujours de même dans les contrées montagneuses, où l'escarpement des berges et la hauteur que l'on doit donner aux tabliers des ponts, au-dessus du niveau des eaux, s'opposent fréquemment à l'emploi des divers modes de construction qui ont été décrits dans le présent cahier. Dans de semblables localités, les ponts suspendus, que l'on construit avec des bois et des cordages, peuvent quelquefois rendre d'importants services, et il est utile d'avoir quelques notions sur les procédés à employer pour l'établissement de ce genre de ponts, bien qu'ils ne soient, d'ailleurs, que d'une application assez rare.

Les ponts de cordages les plus simples et les plus anciennement employés se composent d'un tablier, en planches ou en madriers, placé sur des cordes de $0^m,03$ à $0^m,04$ de diamètre, écartées de $0^m,50$ à $0^m,60$, et tendues préalablement d'une rive à l'autre. Ces cordes sont maintenues dans leurs positions respectives par un certain nombre de traverses en bois, et passent sur des rouleaux servant de corps morts, de manière à pouvoir être fortement tendues à l'aide de palans attachés solidement à des piquets ou à des points fixes quelconques sur les deux rives.

Ce genre de ponts ne peut guère s'établir que sur des cours d'eau de $20^m,00$ à $25^m,00$ de largeur au plus, et n'est susceptible que de donner passage à des troupes d'infanterie. Afin, d'ailleurs, de diminuer autant que possible les oscillations qui se produisent lors du passage des hommes, oscillations qui sont très-gênantes et pourraient devenir dangereuses, même lorsque l'on fait rompre le pas aux troupes, on établit sous le tablier plusieurs cordages formant croisières, et on place un garde-fou en cordes de chaque côté du pont. On pourrait, du reste, en augmentant le nombre et la force des cordes, parvenir à faire passer sur un pont de cordages de ce genre, de la cavalerie et même de l'artillerie de campagne ; mais on préfère généralement établir à cet effet des ponts de cordages que l'on appelle spécialement *ponts suspendus*, qui présentent plus de garanties de solidité que les précédents.

Les ponts suspendus en cordages se construisent d'une manière analogue et d'après les mêmes principes que les ponts suspendus en fil de fer. La figure 90 représente un pont de cette espèce, de 24^m,00 environ de portée, que l'on doit d'ailleurs considérer seulement comme un exemple des dispositions à adopter dans un travail de ce genre, dispositions qui sont susceptibles de varier dans quelques détails suivant les circonstances, la largeur du cours d'eau à franchir, et les matériaux qu'on peut employer.

Le tablier de ce pont est établi sur cinq cours de poutrelles de 7^m,00 de longueur et de 0^m,11 d'équarrissage, lesquelles sont espacées de 0^m,85 d'axe en axe et reposent sur d'autres poutrelles transversales faisant l'office des chapeaux de chevalets. Ces dernières poutrelles, dont la longueur est de 5^m,00 et l'équarrissage de 0^m,13, sont placées perpendiculairement à l'axe du pont, à 1^m,70 environ d'écartement, et sont suspendues, par des *ordonnées* en cordes, à quatre cinquenelles latérales, disposées deux à deux de chaque côté du pont, et qui s'enroulent sur des poulies fixées au sommet de deux potences de 4^m,00 de hauteur, établies sur les rives. On tend ces cinquenelles au moyen de palans qui sont attachés, par des cordes de même force que les cinquenelles, à des points fixes dont on indiquera ci-après la disposition.

La longueur des ordonnées, ainsi que celle des portions de cinquenelles comprises entre les points d'attache de ces ordonnées, doivent être calculées, comme on le verra plus loin, de manière que les cinquenelles affectent la forme d'un polygone funiculaire en équilibre lorsque le poids des fardeaux que supporte le pont rend le tablier horizontal. Dans ce but, on donne ordinairement au tablier non chargé une flèche de $1^m,00$ à $1^m,50$ au-dessus du plan horizontal passant par ses deux extrémités.

Les oscillations latérales sont diminuées au moyen de deux traversières qui se recroisent plusieurs fois sous le tablier et passent sur des poulies a, b, c, d placées aux extrémités de deux cadres formés chacun par deux chapeaux réunis par deux traverses. Ces croisières sont tendues fortement à l'aide de cabestans établis solidement sur les rives.

Ordinairement, à moins qu'il ne s'agisse d'un pont d'une portée considérable, on établit d'abord la carcasse du pont sur l'une des rives, et on la transporte ensuite sur place en la faisant glisser sur deux cordages tendus d'un bord à l'autre. Dans tous les cas, il est indispensable de déterminer à l'avance d'une manière précise la figure que l'on doit donner au système et la longueur que prendront les différents cordages lorsque le pont sera tendu. Il faut connaître pour cela, d'une part, la nature et les dimensions des matériaux dont on pourra disposer, et, d'autre part, la longueur totale du pont et la hauteur des points d'attache des cinquenelles sur les potences. Enfin il est nécessaire de s'assurer que les cordes dont on doit faire usage seront capables de résister aux poids qu'elles auront à supporter. Cette dernière condition, qui est d'une grande importance, ne saurait, dans la plupart des cas, être vérifiée d'une manière suffisamment exacte, attendu qu'à diamètre égal les cordes ont souvent des degrés de force très-différents, en raison de leur état de conservation et de la qualité des chanvres qui entrent dans leur composition. On peut cependant regarder comme convenables, dans la plupart des circonstances, les dimensions suivantes :

Espèces de cordages.	Diamètres.
Cinquenelles..	$0^m,054$
Croisières..	$0,030$
Ordonnées..	$0,013$
Commandes...	$0,013$
Cordes pour équiper les palans...............................	$0,025$
Cordes pour amarrer les palans aux culées fixes..............	$0,025$

Quant à l'équarrissage des pièces de bois, on a indiqué plus haut, pour le cas dont il s'agit, celui de $0^m,11$ pour les poutrelles longitudinales, et celui de $0^m,13$ pour les chapeaux. Ces dimensions paraissent convenables pour un pont semblable à celui que représente la figure 90. Dans tous les cas, on pourra les calculer plus exactement par la formule $F = c\,\frac{bh^2}{l}$, dans laquelle F représente le plus grand poids que chaque pièce peut avoir à supporter; b et h la largeur et la hauteur de la pièce, l sa longueur, et enfin c un coefficient constant donné par l'expérience, et qui, pour le bois de sapin ordinaire, peut être pris de 4,000,000 environ.

Ces données une fois déterminées, on choisit, pour construire la carcasse du tablier, un terrain sensiblement horizontal; on dispose, en partant du milieu du pont, d'abord les chapeaux, puis les poutrelles longitudinales, de manière que leurs points de recroisement soient répartis uniformément avec les chapeaux, auxquels on les fixe au moyen de commandes, en se servant d'amarrages en *croix de Saint-André,* dirigés alternativement dans un sens et dans l'autre, afin de s'opposer au glissement, et arrêtés par un *nœud droit gansé.* (Voir la 2ᵉ leçon, fig. 36.)

Il faut alors attacher les ordonnées aux cinquenelles et aux chapeaux, et, à cet effet, déterminer les longueurs respectives de ces ordonnées, ainsi que leurs points d'attache, de manière qu'elles se trouvent parallèles et équidistantes lorsque le pont sera tendu. Or la travée du milieu est ordinairement fixée immédiatement aux cinquenelles, en sorte que la longueur des deux ordonnées correspondantes à cette travée est nulle. Pour obtenir les longueurs des autres de chaque côté de la travée centrale, on prend la série des nombres naturels 0, 1, 2, 3, 4, 5, 6, etc. (fig. 91), et on ajoute successivement chacun de ces nombres à la somme des nombres précédents, ce qui donne la série 1, 3, 6, 10, 15, 21, etc. qui représente la longueur relative de chacune des ordonnées à partir de celle du milieu, qui est nulle. Si, par exemple, il doit y avoir, comme dans le cas de la fig. 90, neuf ordonnées de chaque côté à partir de la travée centrale, en comprenant au nombre de ces ordonnées celle qui correspond à la potence, la hauteur de la première ordon-

Pl. XVII, fig. 91.

née étant prise égale à o, la seconde sera de 1/36 de l'élévation de la poulie de la potence au-dessus du tablier, la troisième sera égale aux 3/36 de cette même quantité, et ainsi de suite. Il résulte de cette règle que, pour obtenir les positions des points d'attache des ordonnées sur la cinquenelle, il suffit de tracer une ligne $M\,O$ (fig. 92) égale à l'équidistance horizontale que l'on a adoptée pour ces ordonnées, et d'élever sur cette ligne une perpendiculaire $M\,D$ que l'on divisera aux points m, m', m'', etc. en parties égales à la longueur de la première ordonnée centrale. Les lignes $o\,m$, $o\,m'$, $o\,m''$, etc. représenteront alors les longueurs comprises sur les cinquenelles entre les ordonnées consécutives.

Il est à remarquer, toutefois, que les cordes neuves s'allongent, en général, de 1/12 environ sous une charge moyenne. Il faudra donc, quand on fera usage de cordages qui n'auront pas encore servi, réduire dans ce rapport les dimensions données par les règles précédentes, ce qui se fera très-simplement en menant une ligne $X\,Y$, parallèle à $M\,D$, telle que l'on ait $M\,X = \frac{M\,O}{12}$, et par conséquent $D\,Y = \frac{D\,O}{12}$.

Ce tracé terminé, on place sur le sol, à droite et à gauche de la carcasse du tablier, les quatre cinquenelles, sur lesquelles on marque les points d'attache des ordonnées, et on coupe les cordes destinées à former ces ordonnées de manière que chaque partie ait une longueur égale à quatre fois celle qu'on a obtenue par la fig. 91, plus le développement nécessaire pour former les nœuds. On divise ensuite ces cordes, ainsi coupées, en deux parties égales, et on fixe chacune de ces parties par son milieu à l'une des cinquenelles au moyen d'un nœud dit *à tête d'alouette* (fig. 93) (1). Enfin on attache les extrémités au chapeau correspondant par un *nœud d'artificier* (fig. 38), en ayant soin, avant de serrer ce nœud, de donner à l'ordonnée la longueur exacte qu'elle doit avoir.

Pendant ce travail, on amarre les palans aux cinquenelles, à $2^{m},00$

---

(1) Si l'on craignait que ce nœud ne glissât sur la cinquenelle, ce qui, d'ailleurs, n'arrive pas ordinairement, il serait facile d'arrêter tout mouvement de ce genre au moyen d'une petite broche en fer qui traverserait la cinquenelle.

Pl. XVII, fig. 92.

Pl. XVII, fig. 93.

ou 3ᵐ,oo environ des points où ces cinquenelles doivent passer sur les potences, et on construit ces potences, qui peuvent être établies de différentes manières, suivant les matériaux dont on dispose, mais qui doivent se composer essentiellement chacune de deux montants, reliés par une traverse moisée placée au-dessous des poulies, et consolidés par des arcs-boutants. Si l'on n'a pas des poulies à sa disposition, et qu'on veuille éviter l'emploi des ferrures dans l'établissement des potences, on peut adopter un système très-simple, tel que celui qui est représenté à la fig. 94, et dans lequel il n'entre que du bois et des cordes; les cinquenelles passent alors simplement sur la traverse qui est suspendue aux montants.

Quant aux points d'attache fixes, auxquelles doivent être amarrées les cinquenelles et leurs palans, on peut les disposer de diverses manières. Quelquefois on emploie à cet effet des cadres en charpente, placés horizontalement dans des fosses de 1ᵐ,50 à 2ᵐ,oo de profondeur, recouvertes de terre; mais cette disposition exige un déblai considérable, et on obtient plus simplement le même résultat en établissant, sur les corps d'arbres enterrés qui reçoivent les cordes des palans, une plate-forme placée perpendiculairement à ces cordes et chargée de terre, comme l'indique la fig. 90.

Lorsque la carcasse du pont est faite, on place dessus les cinquenelles et les palans, et on apporte le tout vers l'emplacement de la culée.

Pour ce transport, on met quatre hommes à chaque chapeau, six hommes aux deux extrémités pour supporter les palans, et cinq aux poutrelles longitudinales qui dépassent les extrémités du tablier. Cette opération, pour un pont de la dimension de celui de la fig. 90, demande quatre-vingt-deux hommes. Vingt hommes passent à la culée opposée dans un bateau, et, lorsque les porteurs qui sont en tête ont engagé le pont sur les deux forts cordages qui ont dû être tendus préalablement à cet effet d'une rive à l'autre, les hommes placés sur l'autre bord font glisser le système sur ces cordages en tirant avec des amarres, pendant que les porteurs, de l'autre côté, facilitent le mouvement en soulevant les pièces de bois. Cette manœuvre demande quelques précautions pour éviter les accidents : il faut d'abord avoir soin que les cordes tendues en travers de la rivière soient solides, et que la courbe formée par ces cordages n'ait pas une flèche plus grande que $0^m,40$ à $0^m,50$ pour une longueur de $28^m,00$ à $30^m,00$ avant d'être chargée ; on doit, en outre, recommander aux hommes d'agir avec ensemble, et d'éviter de s'engager entre les chapeaux, afin de ne pas être entraînés dans le cas où les cordages viendraient à céder ou à se rompre.

Aussitôt que le pont est en place, on dresse la potence de la rive de départ, l'autre ayant dû être élevée d'avance, et on répartit les hommes aux cordes des palans, pendant que d'autres placent les cinquenelles sur les potences et équipent les palans. Enfin, lorsque le pont est tendu, on dispose les croisières et les cabestans destinés à leur donner la tension convenable.

Ce travail s'exécute convenablement avec un détachement composé de cent deux hommes et de six sous-officiers répartis de la manière suivante :

1° Deux brigades, composées chacune d'un sous-officier et de vingt hommes, chargées de creuser les fosses des plates-formes, de placer les corps d'arbres, les palans, etc... 2 sous-officiers, 40 hommes.

2° Deux brigades, chacune d'un sous-officier et de quatorze hommes exercés, lesquelles, après avoir disposé les poutrelles et les chapeaux sur le sol comme il a été dit plus haut, travaillent chacune à l'une des deux moitiés symétriques du pont, pour fixer les poutrelles aux chapeaux et attacher les ordonnées................ 2   28

3° Enfin, trente-quatre hommes, sous la surveillance de deux sous-officiers, pour

A reporter...... 4 sous-officiers, 68 hommes.

Report... 4 sous-officiers, 68 hommes.

apporter les matériaux, enfoncer les
piquets, préparer les abords du pont,
planter les potences, etc........... 2   34

TOTAL ÉGAL... 6 sous-officiers, 102 hommes.

Pour replier le pont, on le démonte sur place par parties successives, en se retirant vers la culée de départ; puis on enlève les cinquenelles et les potences.

On pourrait aussi construire le pont d'une manière analogue, en procédant successivement à la pose des cinquenelles, des ordonnées et des chapeaux. Ce procédé n'exige pas de câbles auxiliaires, et serait, d'ailleurs, le seul applicable pour un pont d'une grande portée; mais il demande des hommes adroits et exercés.

On peut simplifier quelques-unes des dispositions qui viennent d'être décrites, en réduisant la quantité des bois nécessaires et sans employer ni palans ni potences préparés à l'avance. Ainsi, les madriers du tablier seraient simplement placés longitudinalement sur des traverses de $0^m,10$ d'équarrissage, qui reposeraient elles-mêmes sur deux cours de poutrelles longitudinales, maintenues ensemble par des brêlages. Les cinquenelles, enveloppant les traverses des potences par une boucle, iraient alors s'enrouler à chaque extrémité autour d'un corps d'arbre placé dans une fosse et arrêté par des piquets.

Pour établir un semblable pont, on commence par placer une des potences sur la rive de départ, en la couchant sur le sol, et on engage ses pieds dans des trous de $0^m,10$ à $0^m,15$ de profondeur. On dispose les cinquenelles sur la traverse, et on les arrête autour du corps d'arbre qui doit former la culée. On fait alors passer cinquante à soixante hommes dans des barques sur l'autre rive, et ces hommes, au moyen d'un cordage auxiliaire, attaché au sommet de la potence, élèvent cette potence que les hommes restés sur la rive de départ commencent à dresser à l'épaule.

Quand la potence est arrivée à faire un angle de 15° environ avec la verticale, on l'arrête dans cette position. Les cinquenelles, ainsi que les deux cours de longerons, sont mis en travers de la rivière à l'aide d'amarres, et quand les cinquenelles sont placées sur la seconde potence et enroulées autour du corps d'arbre de la seconde culée, sans être arrêtées, on les tend successivement au moyen de cordes auxiliaires, jusqu'à ce que les deux potences soient à peu près verticales, et on les amarre définitivement sur les corps d'arbres au moyen de commandes.

L'exécution de ce dispositif demande quatre sous-officiers et quatre-vingts hommes, répartis comme il suit :

1° Trente hommes, sous la conduite d'un sous-officier, pour apporter les matériaux et faire les fonctions de servants. 1 sous-officier, 30 hommes.

2° Trente hommes, divisés en deux brigades, avec deux sous-officiers, pour préparer les culées, creuser les fosses, placer les corps d'arbres, etc................. 2   .   30

3° Enfin, une brigade de vingt hommes et un sous-officier, pour construire les potences, préparer les poutrelles longitudinales, attacher les ordonnées, etc...... 1   20

TOTAL ÉGAL...... 4 sous-officiers, 80 hommes.

Si l'on dispose de deux paires de palans, la manœuvre peut, à la rigueur, être exécutée avec trente hommes seulement.

PONTS IMPROVISÉS. On peut construire, au besoin, en campagne, des ponts improvisés, avec des radeaux composés de corps creux, tels que des caisses, des outres, des tonneaux, etc. Ces divers éléments sont réunis par des châssis formés généralement de pièces longitudinales assemblées avec des traverses. On dispose les radeaux jointifs et on les recouvre simplement d'un tablier en madriers; ou bien, si le courant l'exige, on laisse entre eux un intervalle, et on les ponte alors comme des radeaux ordinaires.

Les radeaux de tonneaux peuvent être organisés comme il est expliqué dans le cahier de l'École de sape, pour le passage des fossés pleins d'eau (pages 74, 75 et 76, et pl. XXIV); ou, plus simplement, suivant la disposition indiquée à la figure 88, dans laquelle les tonneaux sont brêlés aux châssis avec des cordes. Dans le premier cas, l'axe des tonneaux est parallèle à celui du pont; dans l'autre système, au contraire, les files de tonneaux sont disposées transversalement à cet axe. Il est nécessaire, en tout état de cause, de calculer le nombre des tonneaux de chaque radeau d'après leur capacité, de manière que le pont ne soit pas submergé par la charge qu'il aura à supporter.

On fait aussi des ponts avec des buses de gabions superposées que l'on échoue dans la rivière transversalement à la direction du pont. (Voir le cahier de l'École de sape, pages 76 et suivantes, et planche XXV.)

Enfin on peut quelquefois, au moyen de planches et de quelques bouts de poutrelles seulement, construire en peu de temps une passerelle pour des troupes d'infanterie, en formant cette passerelle de petits radeaux jointifs composés de caisses ou poutrelles creuses établies de la manière suivante :

Chaque radeau (fig. 89) comporte quatre *poutrelles creuses* en sapin, de $1^m,90$ de longueur et de $0^m,32$ de section transversale. Les quatre grandes faces de la caisse sont faites avec des planches de $0^m,027$ d'épaisseur; les cloisons des deux extrémités ont une épaisseur de $0^m,05$ environ. Chaque caisse est partagée en cinq compartiments par des diaphragmes intérieurs en sapin de $0^m,033$ d'épaisseur, qui ont pour double but de renforcer le système et d'empêcher l'eau qui aurait pénétré par une ouverture de se répandre dans toute la longueur de la poutrelle.

Les planches doivent être choisies, autant que possible, sans gerçures, fentes ou nœuds qui pourraient donner entrée à l'eau. Si cette condition est remplie et que les assemblages à joints plats soient faits avec soin, les poutrelles seront suffisamment imperméables pour l'usage auquel elles sont destinées. On peut d'ailleurs, pour plus de sécurité, garnir les joints d'étoupe ou simplement de ficelle peu serrée. Tous les assemblages sont consolidés par des clous de petite dimension, pour éviter de faire éclater le bois; toutefois, il est préférable de fixer les couvercles avec des vis à bois, afin qu'on puisse au besoin les démonter, soit pour enlever l'eau qui se serait introduite, soit pour boucher une voie d'eau qu'un accident quelconque aurait pu déterminer.

Les quatre poutrelles qui doivent former un radeau étant placées l'une contre l'autre, de manière à se toucher par une des longues faces, on consolide leur réunion au moyen de deux traverses de $1^m,68$ de longueur, $0^m,16$ de hauteur et $0^m,08$ de largeur, qui sont clouées, à chacune des deux extrémités du système, sur les bouts des poutrelles. L'une de ces traverses affleure la face supérieure du radeau, et l'autre la face inférieure, en sorte que, lorsque deux radeaux sont présentés à la suite l'un de l'autre, les deux traverses peuvent se superposer exactement. Les extrémités des traverses, qui font saillie sur $0^m,20$ de chaque côté des radeaux, portent une gorge dans laquelle on fixe une corde d'amarre qui relie les deux radeaux l'un à l'autre d'une manière invariable. Enfin la solidarité du système est complétée par de petits billots de guindage de $0^m,60$ de longueur, qui passent dans des clavettes en bois établies à cet effet sur le bord supérieur et extérieur des deux poutrelles extrêmes du radeau.

Un pont en poutrelles creuses, composé d'éléments semblables à celui de la fig. 89, peut, au moment de sa mise à l'eau, donner passage à une troupe d'infanterie sur deux rangs; mais, comme l'eau pénètre insensiblement dans les cases des poutrelles, et qu'en outre le bois lui-même s'imbibe assez promptement d'humidité, il est prudent, si le pont est resté quelque temps dans l'eau, de réduire la charge ci-dessus indiquée à quatre hommes armés par radeau, ce qui revient à effectuer le passage sur un rang.

Imprimerie impériale. — Juillet 1858.

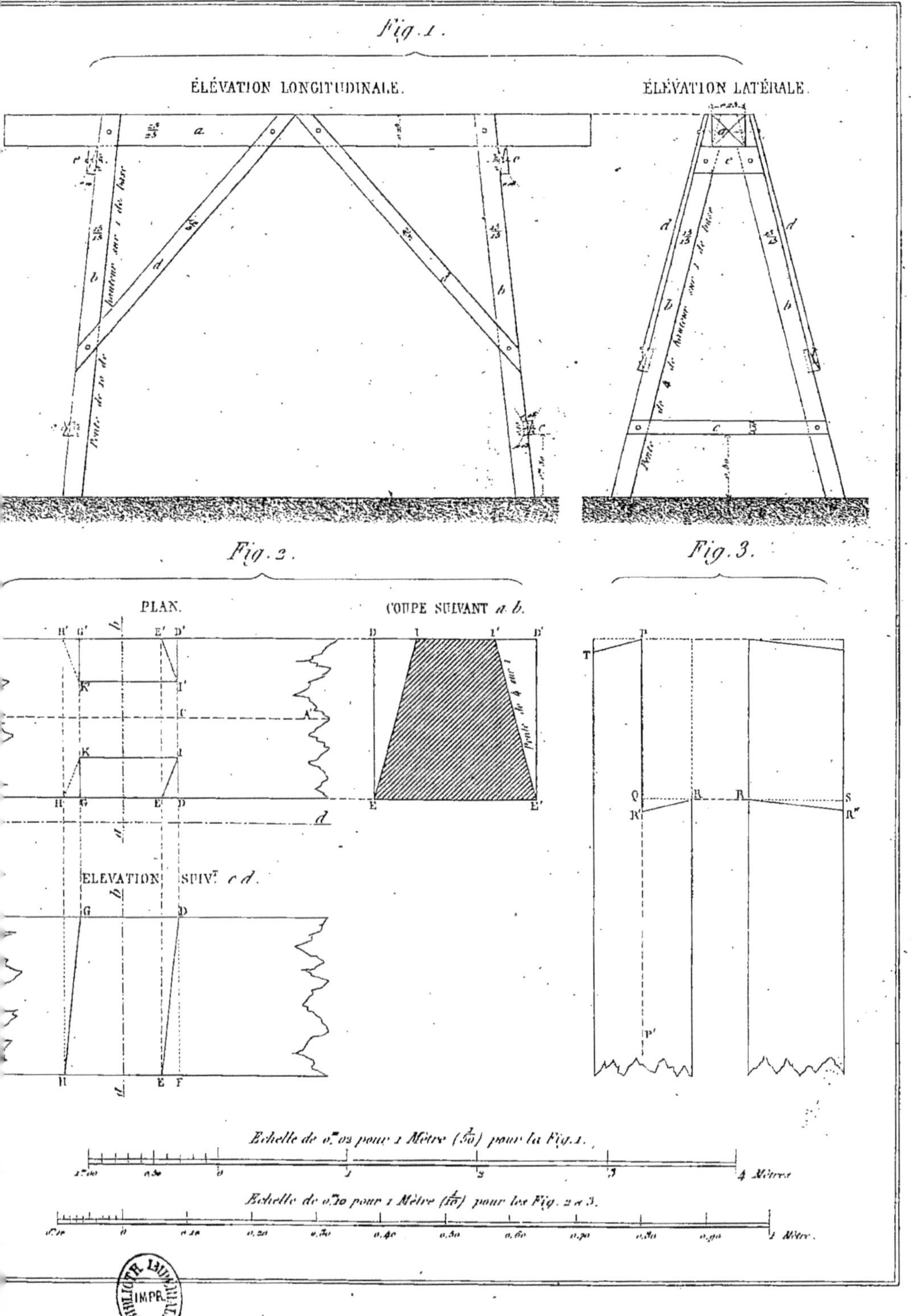

Fig. 1.
ÉLÉVATION LONGITUDINALE.
ÉLÉVATION LATÉRALE.
Fig. 2.
PLAN.
COUPE SUIVANT a b.
ÉLÉVATION SUIV.t c d.
Fig. 3.
Echelle de o.m 02 pour 1 Mètre (1/50) pour la Fig. 1.
4 Mètres
Echelle de o.m 10 pour 1 Mètre (1/10) pour les Fig. 2 et 3.
1 Mètre

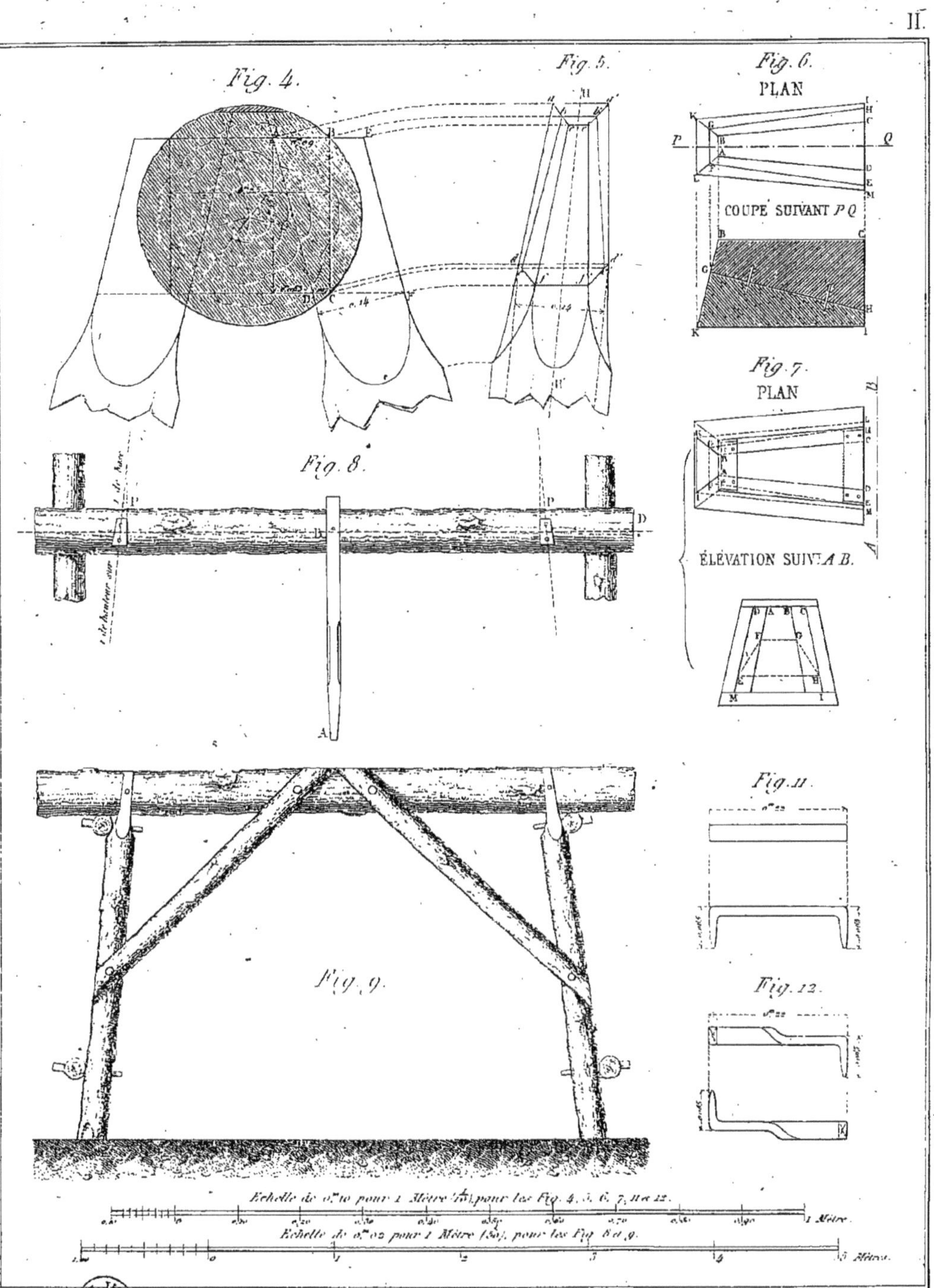

Echelle de 0.^m10 pour 1 Mètre ¹/₁₀ pour les Fig. 4, 5, 6, 7, 11 et 12.
1 Mètre.
Echelle de 0.^m02 pour 1 Mètre 1/50, pour les Fig. 8 et 9.
5 Mètres.

Er. Péret sc.

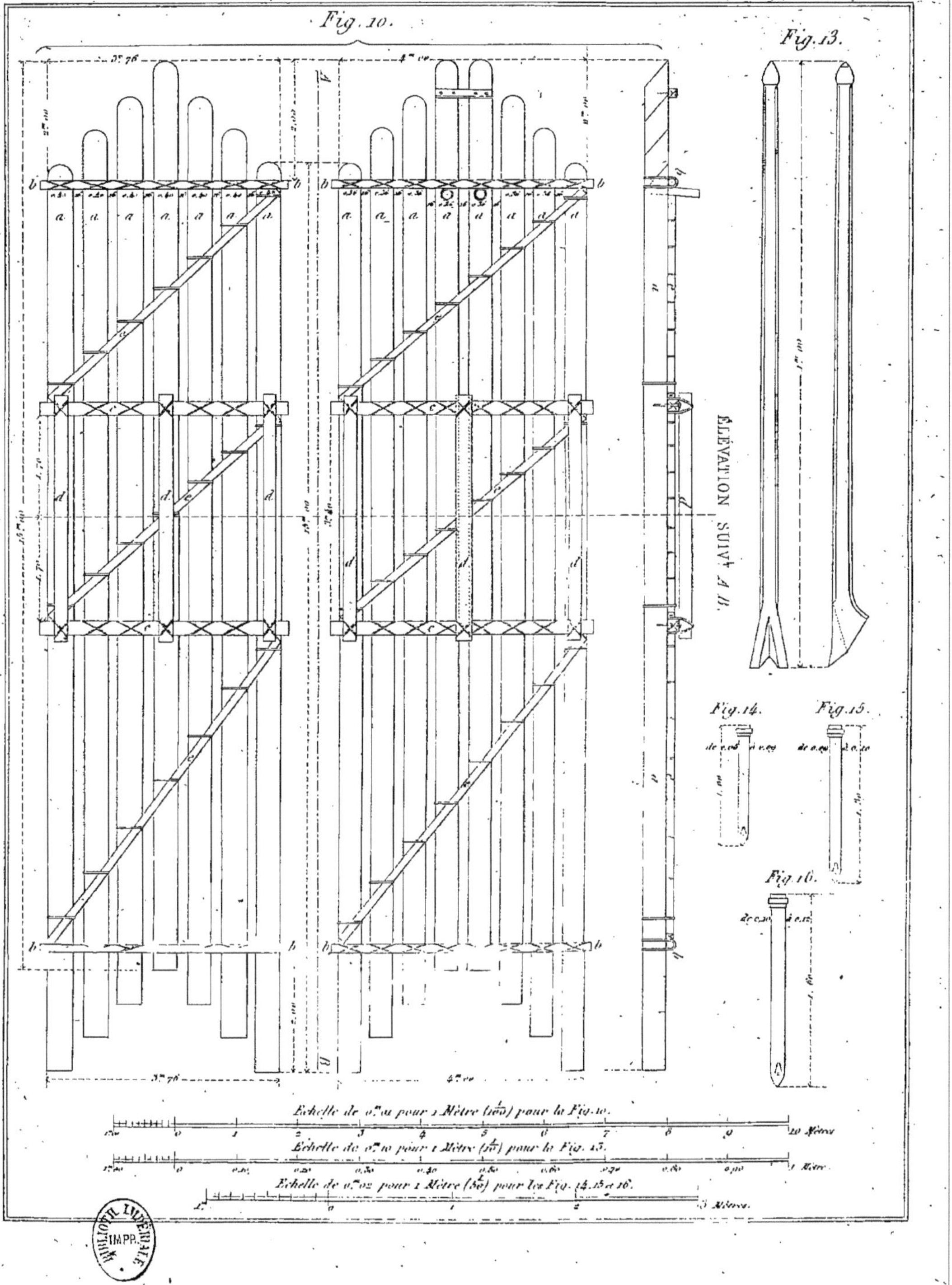

Fig. 10.

Fig. 13.

ÉLÉVATION SUIVA A.B.

Fig. 14.

Fig. 15.

Fig. 16.

Echelle de 0.m 01 pour 1 Mètre (1/100) pour la Fig. 10.

Echelle de 0.m 10 pour 1 Mètre (1/10) pour la Fig. 13.

Echelle de 0.m 02 pour 1 Mètre (1/50) pour les Fig. 14.15 à 16.

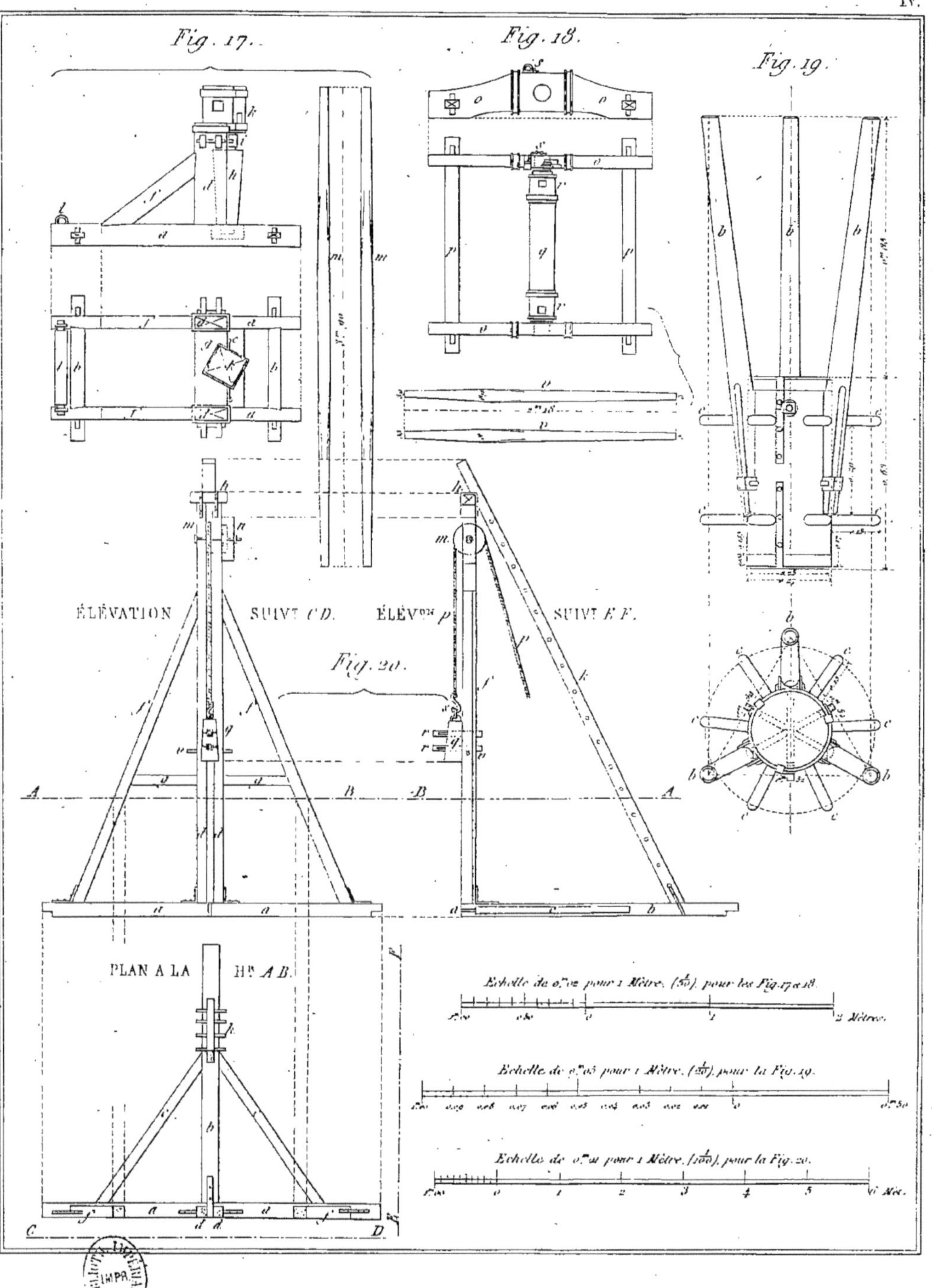

Fig. 17.
Fig. 18.
Fig. 19.
ÉLÉVATION SUIVT CD.
ÉLÉVon SUIVT E F.
Fig. 20.
A B B A
PLAN A LA Hr A B.
C D
Echelle de 0m,02 pour 1 Mètre. (1/50), pour les Fig. 17 et 18.
Echelle de 0m,05 pour 1 Mètre. (1/20), pour la Fig. 19.
Echelle de 0m,01 pour 1 Mètre. (1/100), pour la Fig. 20.

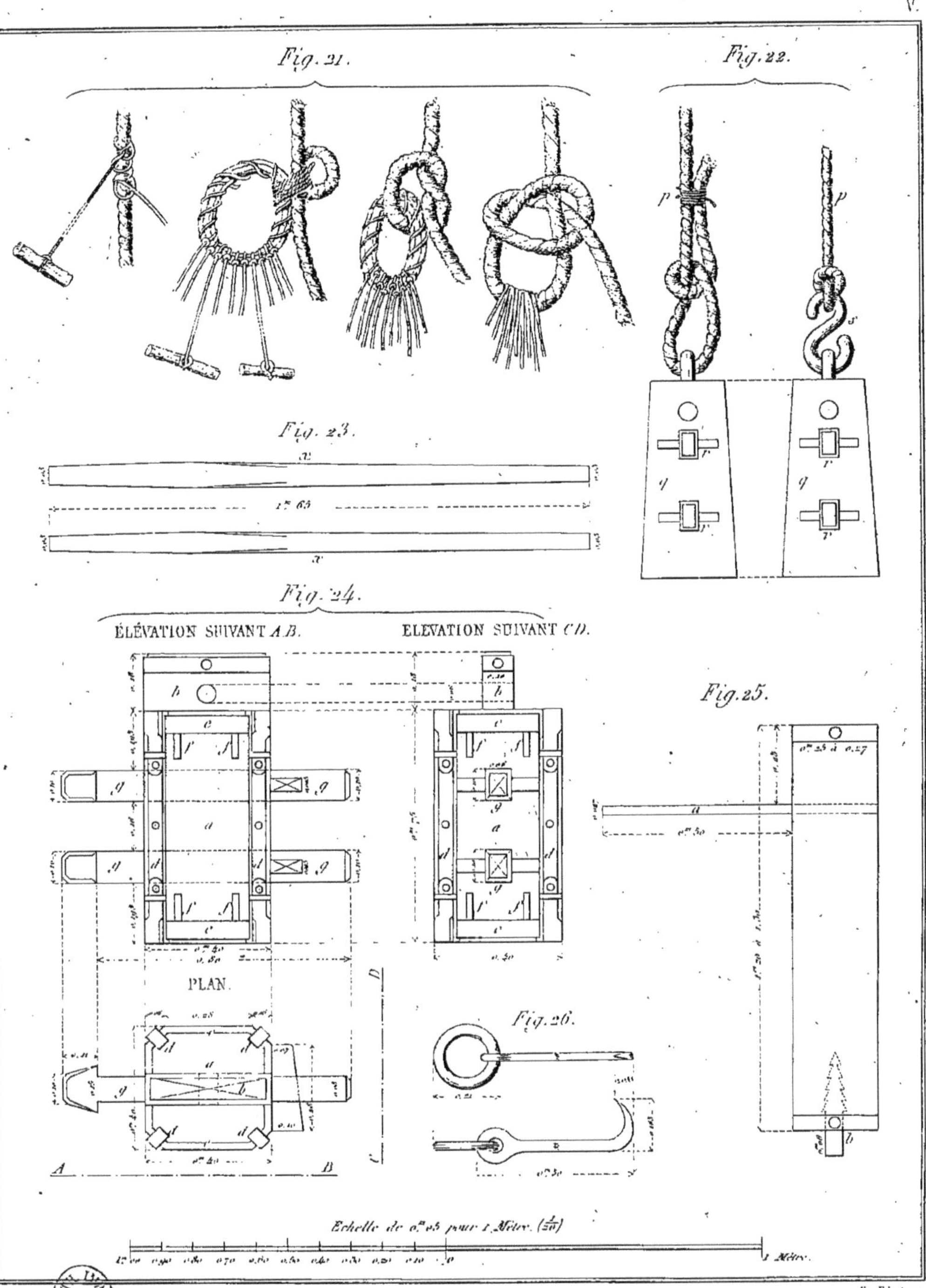

Echelle de 0.05 pour 1 Mètre. (1/20)

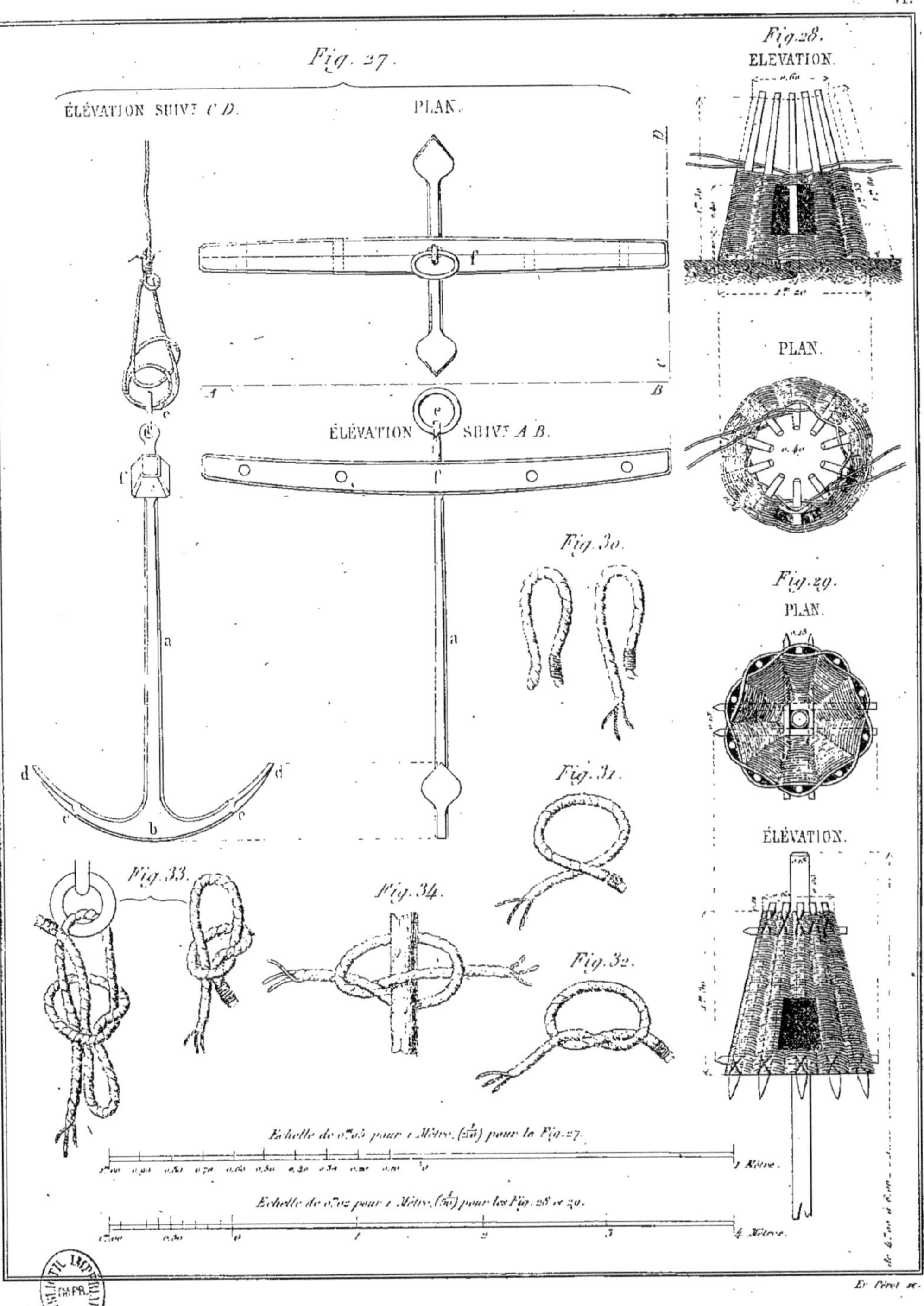

VI.
Fig. 27.
ÉLÉVATION SUIV.t C D.
PLAN.
ÉLÉVATION SUIV.t A B.
Fig. 28.
ÉLÉVATION.
PLAN.
Fig. 29.
PLAN.
ÉLÉVATION.
Fig. 30.
Fig. 31.
Fig. 32.
Fig. 33.
Fig. 34.
Echelle de 0.m03 pour 1 Mètre. (1/50) pour la Fig. 27.
1 Mètre.
Echelle de 0.m02 pour 1 Mètre. (1/50) pour les Fig. 28 et 29.
4 Mètre.
Er Pérot sc.

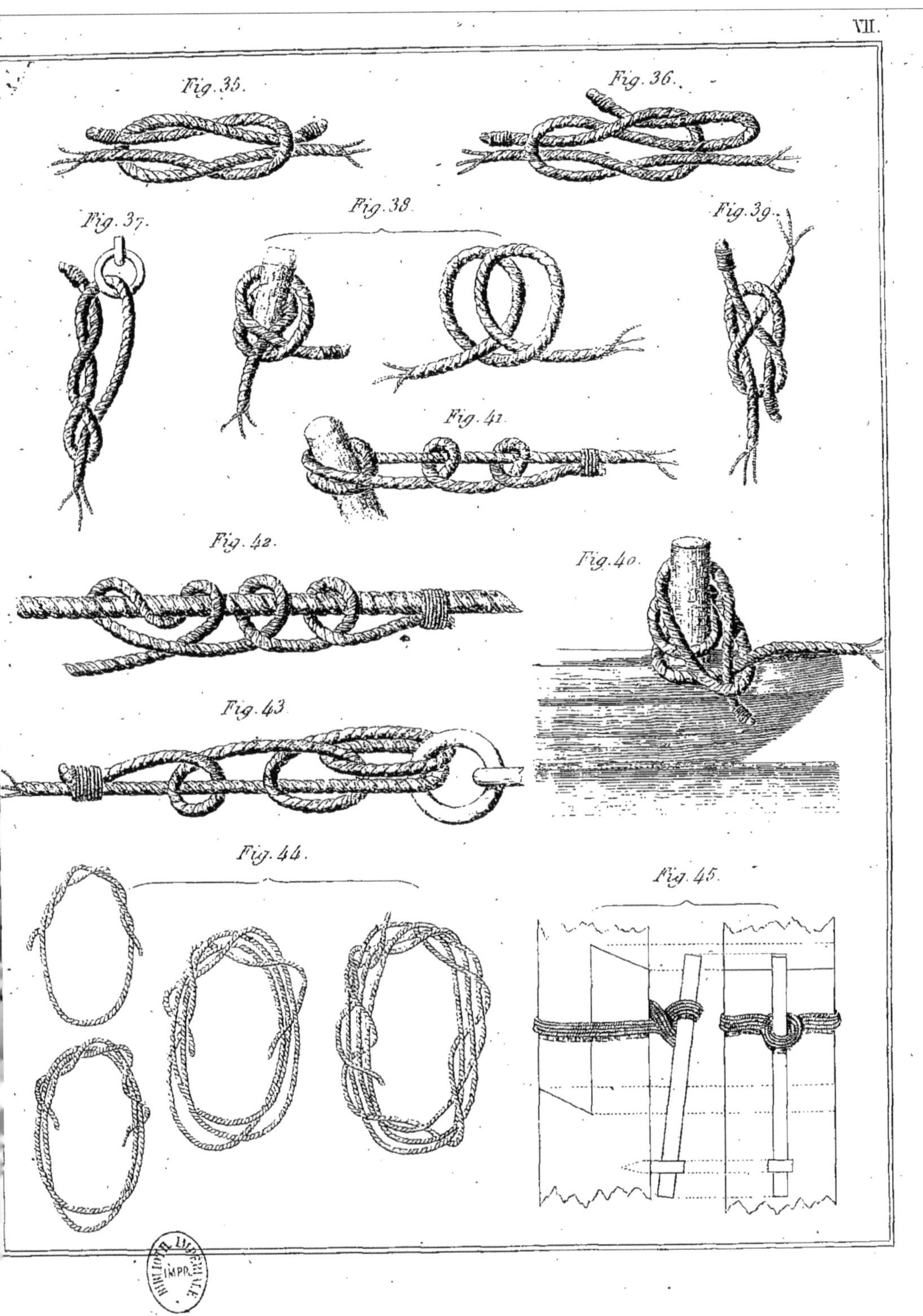

Fig. 35.
Fig. 36.
Fig. 37.
Fig. 38.
Fig. 39.
Fig. 41.
Fig. 42.
Fig. 40.
Fig. 43.
Fig. 44.
Fig. 45.

Fig. 46.

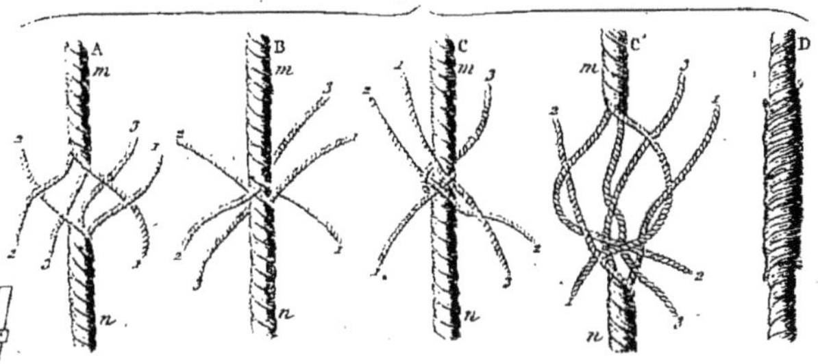

Fig. 47 (1/10)    Fig. 48 (1/10)

Fig. 49.

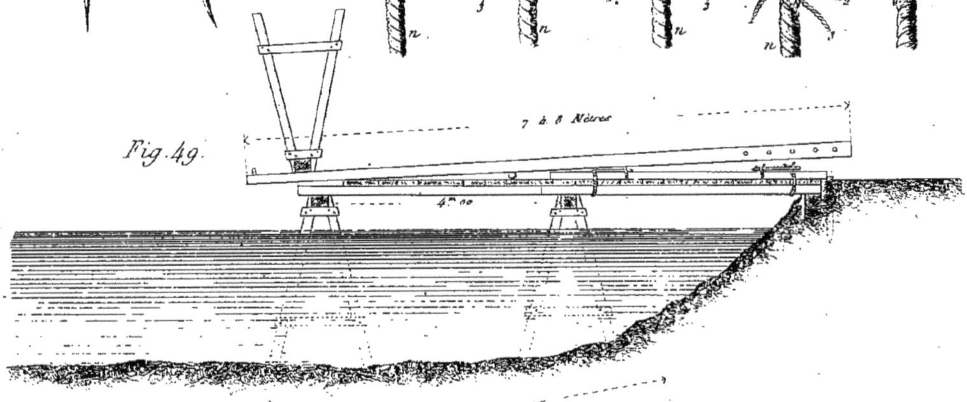

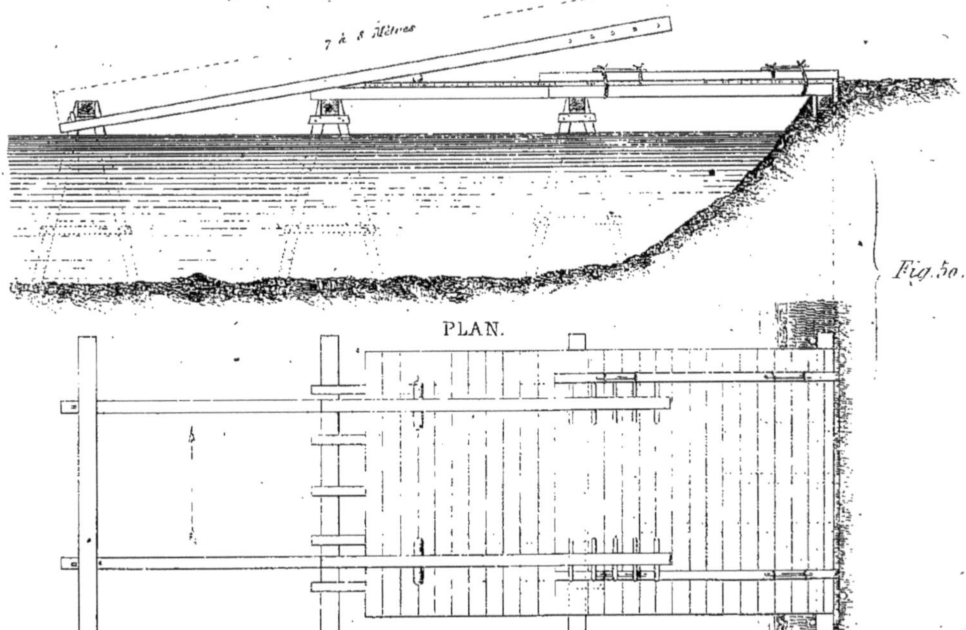

7 à 8 Mètres

4ᵐ.oo

7 à 8 Mètres

Fig. 50.

PLAN.

Echelle de 0.ᵐ.o1 pour 1 Mètre (1/100) pour les Fig. 49 et 50.

Fig. 51.

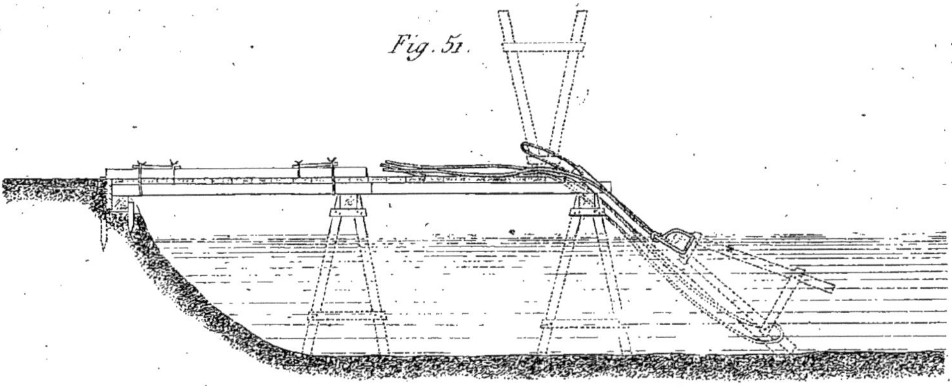

Fig. 52.

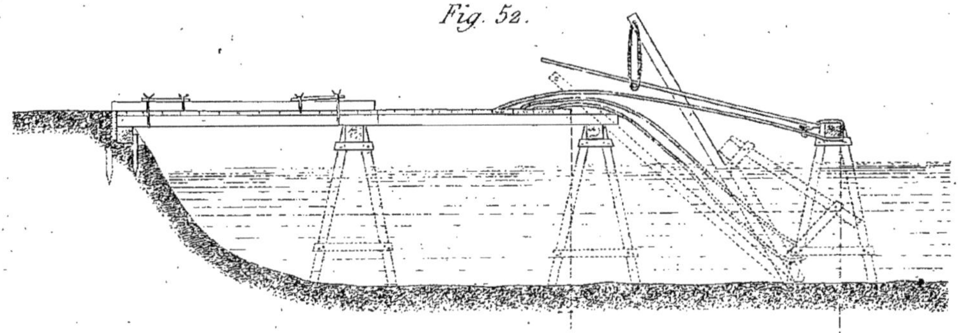

PLAN.
Poutrelle de rampe. 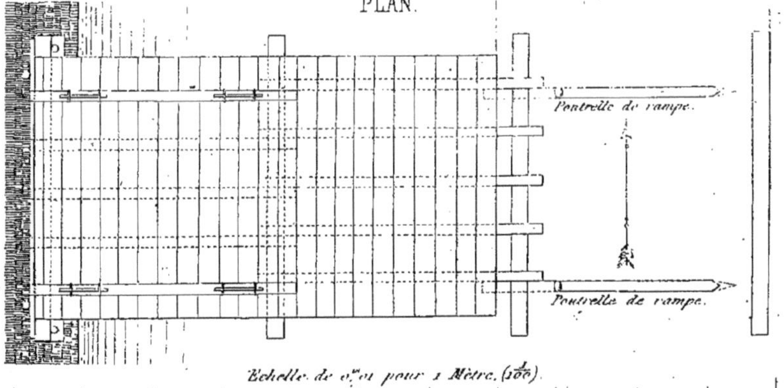
Poutrelle de rampe.
Échelle de 0m,01 pour 1 Mètre. (1/100)
0   1   2   3   4   5   6   7   8   9   10 Mètres.

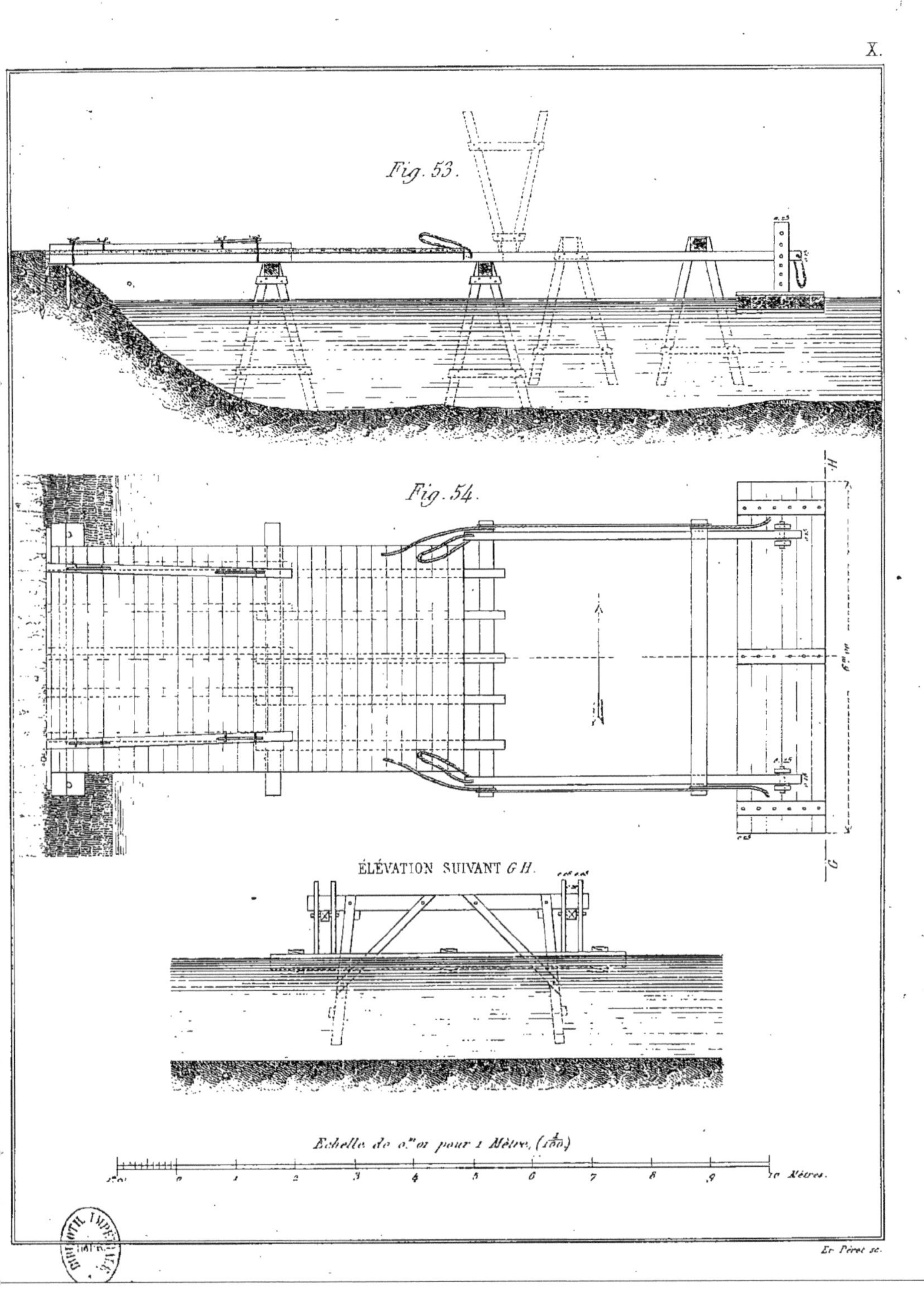

Fig. 53.
Fig. 54.
ÉLÉVATION SUIVANT G H.
Echelle de 0.^m01 pour 1 Mètre. (1/100)
0 1 2 3 4 5 6 7 8 9 10 Mètres.

Fig. 55.

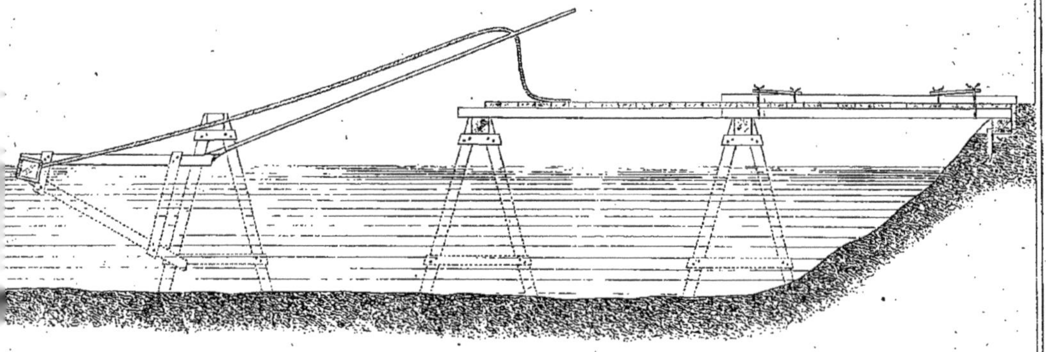

PLAN.

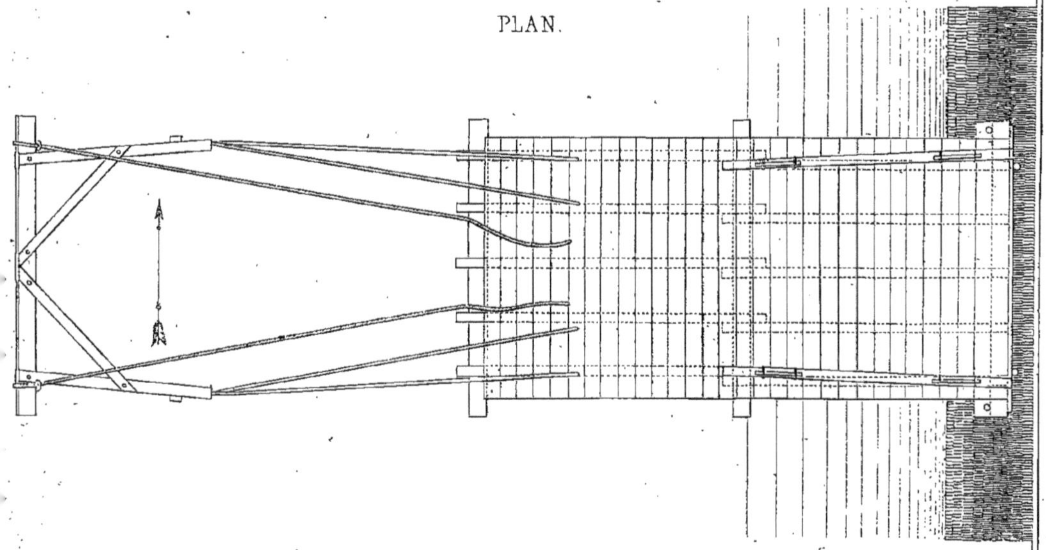

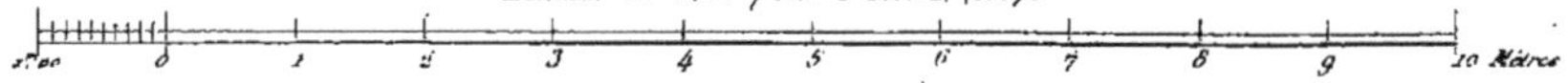

Fig. 56.

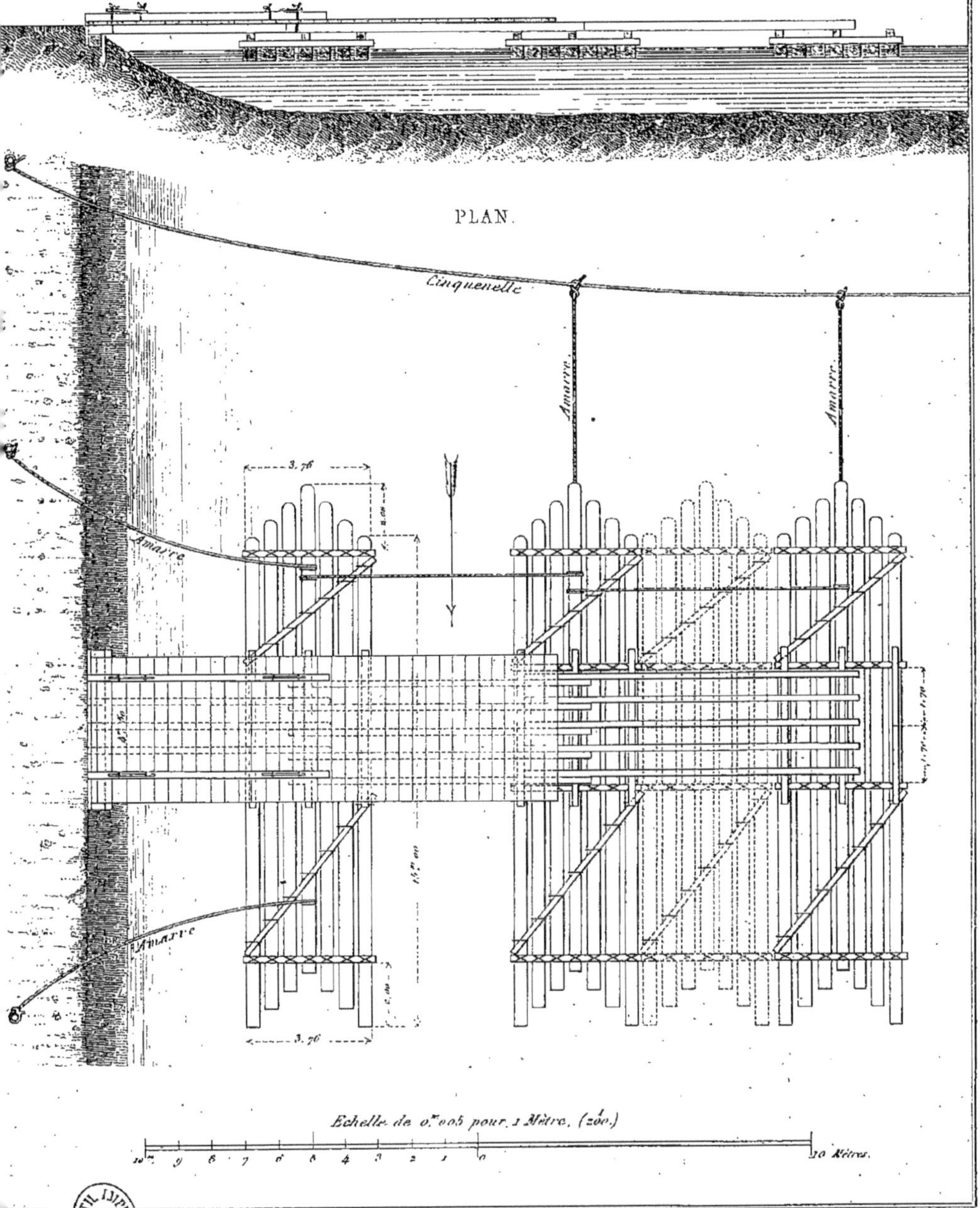

Er. Pérot sc.

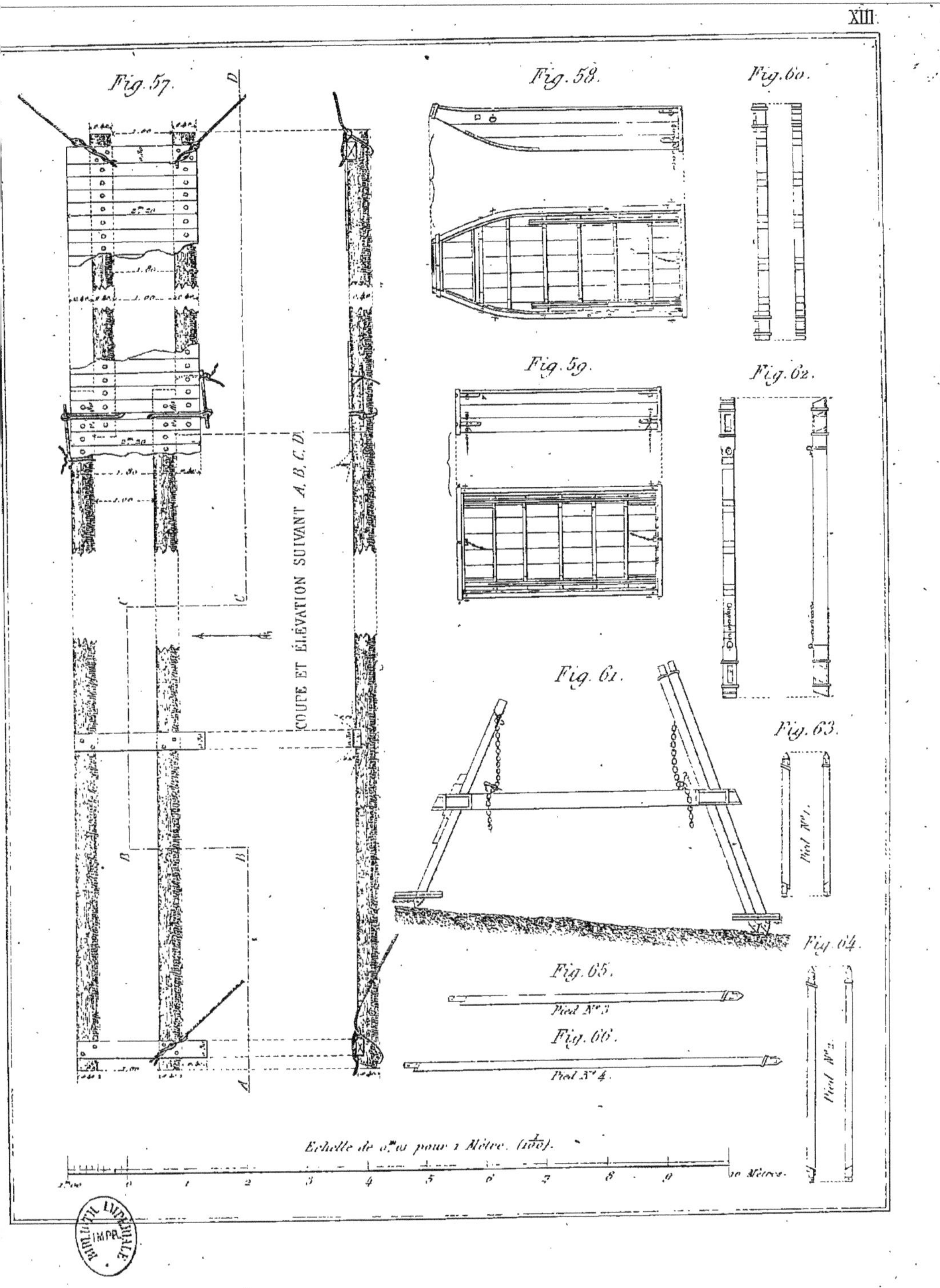

Fig. 57.
Fig. 58.
Fig. 60.
Fig. 59.
Fig. 62.
Fig. 61.
Fig. 63.
Fig. 64.
Fig. 65.
Pied N° 3.
Fig. 66.
Pied N° 4.
Pied N° 1.
Pied N° 2.
COUPE ET ÉLÉVATION SUIVANT A.B.C.D.
Echelle de 0.™05 pour 1 Mètre. (1/20.)
Mètres.

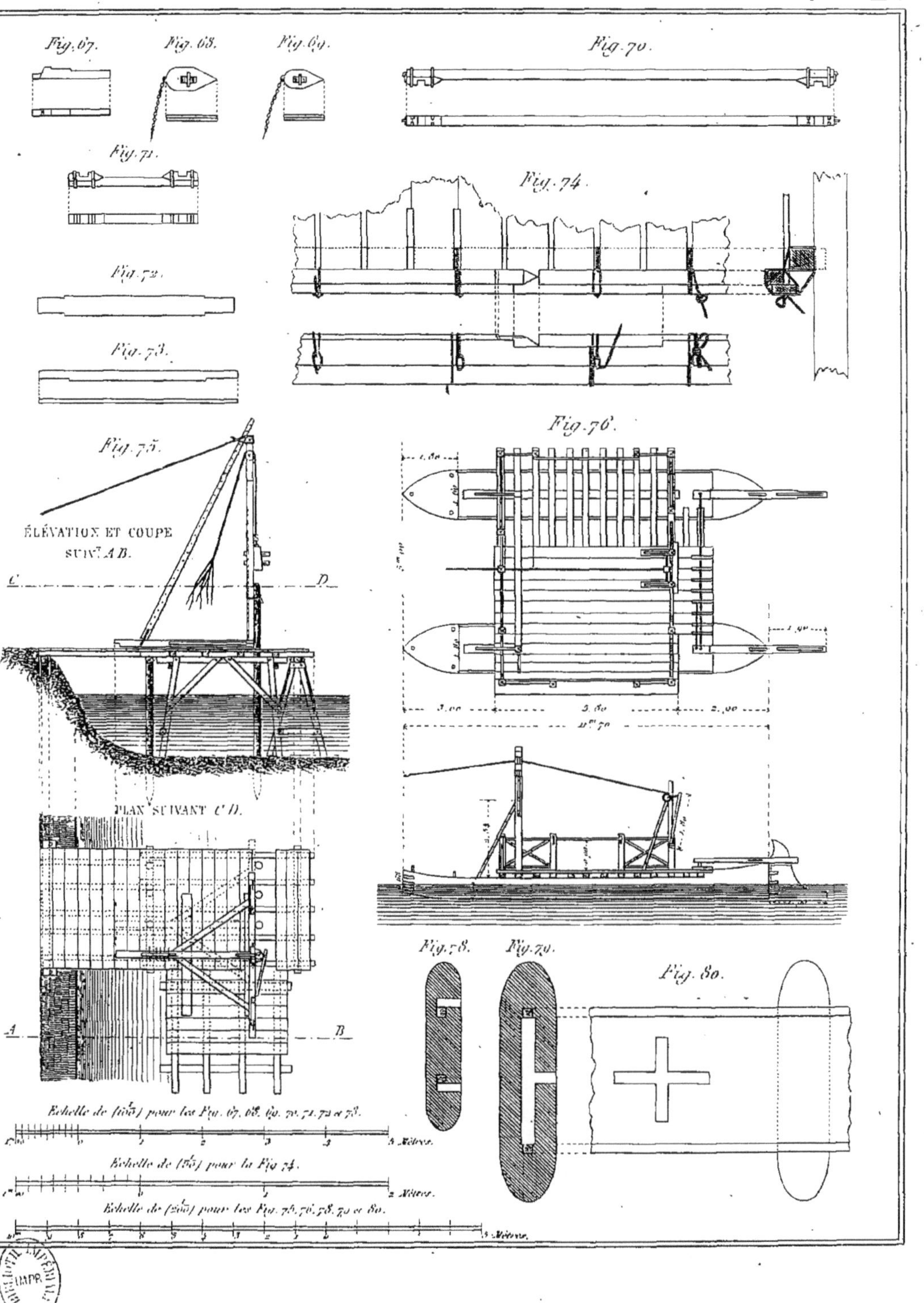

Fig. 67.
Fig. 68.
Fig. 69.
Fig. 70.
Fig. 71.
Fig. 72.
Fig. 73.
Fig. 74.
Fig. 75.
ÉLÉVATION ET COUPE SUIV.T A B.
C
D
PLAN SUIVANT C D.
A
B
Fig. 76.
Fig. 78.
Fig. 79.
Fig. 80.
Echelle de (1/100) pour les Fig. 67, 68, 69, 70, 71, 72 et 73.
Mètres.
Echelle de (1/50) pour la Fig. 74.
Mètres.
Echelle de (1/200) pour les Fig. 75, 76, 78, 79 et 80.
Mètres.

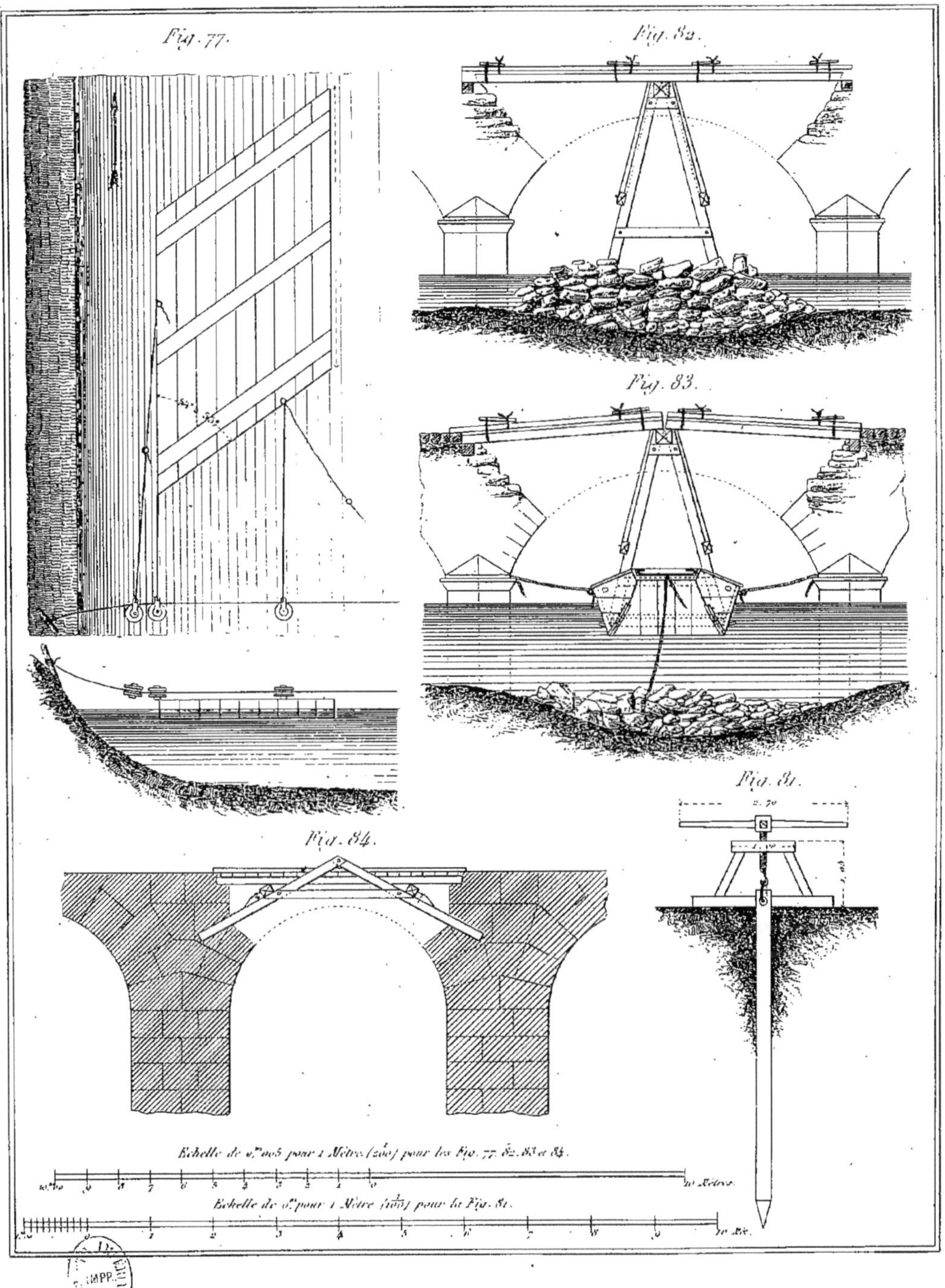

Fig. 77.
Fig. 82.
Fig. 83.
Fig. 81.
Fig. 84.
XV.
Echelle de 0.m005 pour 1 Mètre (1/200) pour les Fig. 77. 82. 83 et 84.
Echelle de 0.m pour 1 Mètre (1/100) pour la Fig. 81.
10 Mètres.
10 Mè.

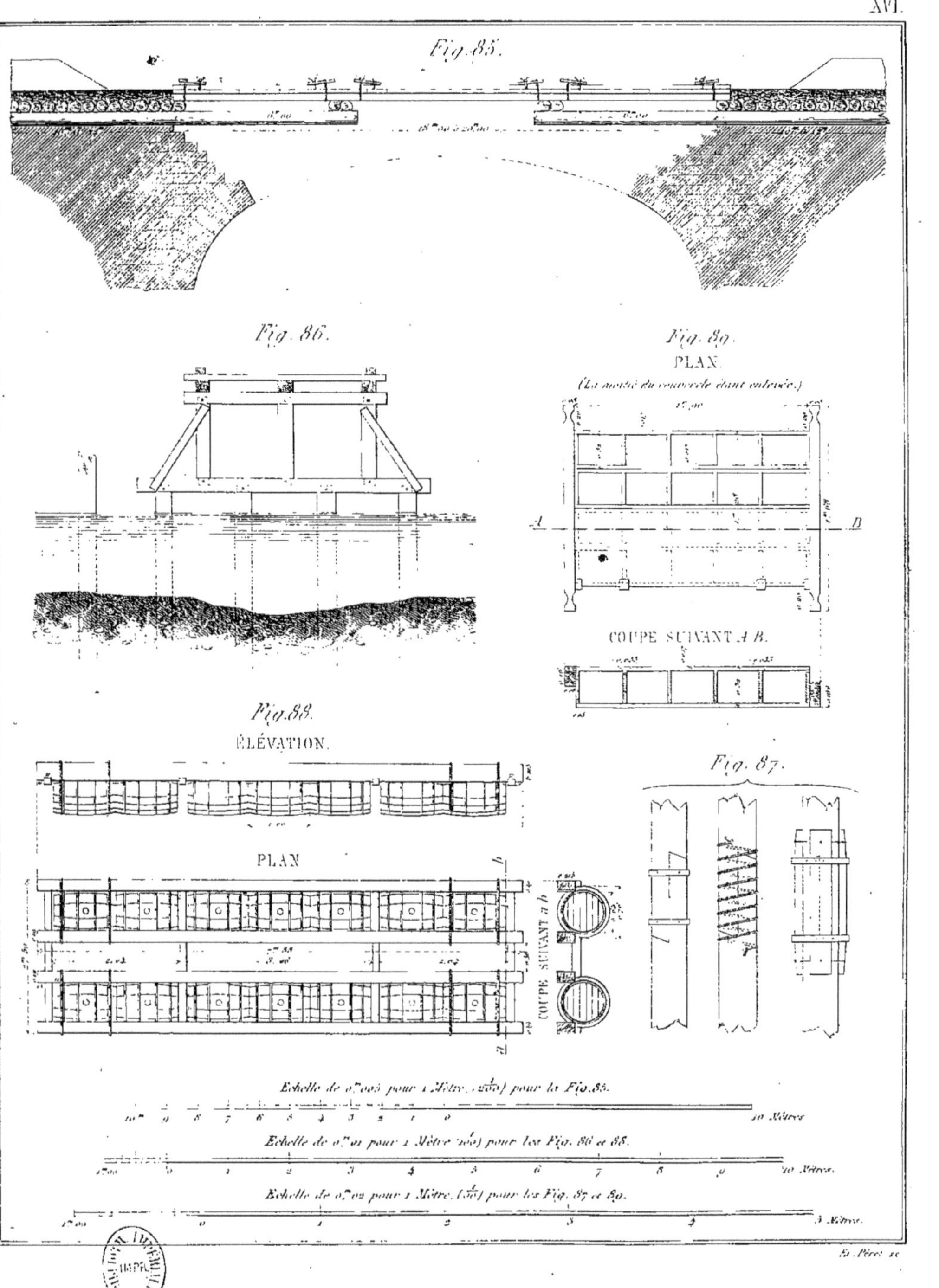

Echelle de 0.m005 pour 1 Mètre (1/200) pour la Fig. 85.

10ᵐ 9 8 7 6 5 4 3 2 1 0 · · · · · · · · · 10 Mètres

Echelle de 0.m01 pour 1 Mètre (1/100) pour les Fig. 86 et 88.

1ᵐ⁰⁰ 0 1 2 3 4 5 6 7 8 9 10 Mètres.

Echelle de 0.m02 pour 1 Mètre (1/50) pour les Fig. 87 et 89.

1ᵐ⁰⁰ 0 1 2 3 4 5 Mètres.

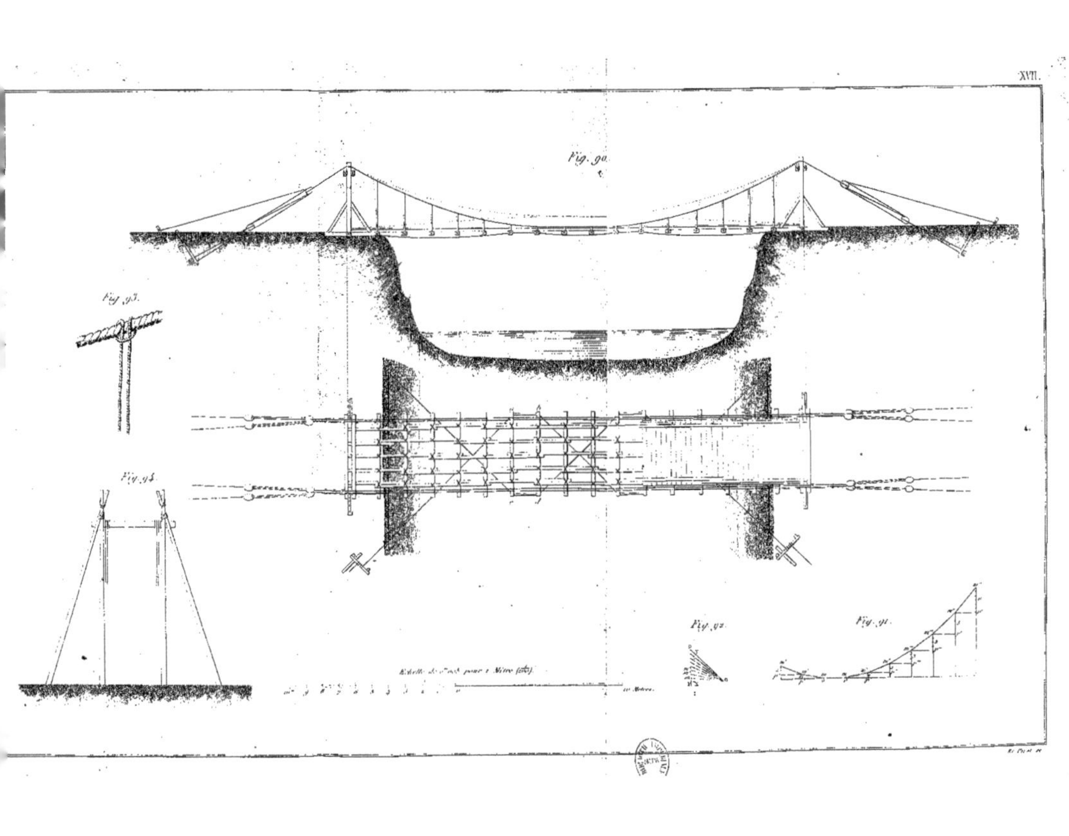
Fig. 90.
Fig. 93.
Fig. 95.
Fig. 92.
Fig. 91.
Echelle de 0,01 pour 1 Mètre.
Mètres.